APPLICATION
DE LA GÉOMÉTRIE DESCRIPTIVE

A LA

PERSPECTIVE ORDINAIRE.

PARIS.—IMPRIMERIE ET FONDERIE DE FAIN,
Rue Racine, n° 4, place de l'Odéon

APPLICATION

DE LA

GÉOMÉTRIE DESCRIPTIVE

A LA

PERSPECTIVE ORDINAIRE

RÉDUITE A SIX LEÇONS.

PAR M. C........,

CAPITAINE DU GÉNIE, EN RETRAITE.

PARIS.

Chez CARILIAN GOEURY, Libraire du Corps royal des
Ponts et Chaussées, et des Mines,

41, QUAI DES AUGUSTINS.

—

1836.

INTRODUCTION.

On m'avait demandé quelques conseils sur la perspective.
Je savais que cet art consistait dans la détermination des
points de passage des rayons de lumière répercutés (qui
apportent à l'œil l'image des objets vus d'un point donné) à
travers une surface quelconque que l'on suppose diaphane.
Un problème général m'avait suffi jusqu'alors pour faire tous
les tracés dont j'avais eu besoin ; cependant je savais aussi
qu'il y avait des traités spéciaux que l'on appelait *perspective des peintres*. Je pensai que ces traités devaient avoir
un langage et peut-être des moyens particuliers que je
voulus connaître. Celui que je consultai était, à la vérité,
fort ancien, mais il passait pour un des bons ouvrages qui
eussent été faits sur cette matière, avant que Monge eût créé
la *Géométrie descriptive*. Les démonstrations de la théorie,
faites avec l'aide de la géométrie simple, sèches et arides,
exigeaient une contention d'esprit fatigante. Je pensai que
si l'on employait la géométrie descriptive à la démonstration de cette théorie, et les moyens qu'elle donne, au tracé
de la perspective, on en faciliterait l'intelligence, on en
rendrait l'étude plus attrayante, et l'on fixerait invariablement dans la mémoire cette théorie, qui seule peut faire
exécuter des tracés que les peintres appellent *perspective de
sentiment*. En effet, la géométrie descriptive, plus élégante
que la géométrie simple, plus générale dans les rapports
qu'elle saisit et les résultats qu'elle présente, est plus applicable à un art qui a pour objet de *représenter les corps
suivant les lois de la vision, et de faire voir tout ce qui
peut résulter, dans l'espace, de leurs formes et de leurs
combinaisons ;* enfin, elle pénètre l'idée par le sens de la
vue, qui lui rappelle toujours les impressions qu'elle a faites
sur elle.

Pour me convaincre par ma propre expérience de la justesse de cette opinion, je me proposai tous les cas de perspective dont on trouvera les tracés dans les planches jointes à ces Leçons. J'écrivis les raisonnements que j'avais faits et les conséquences que j'en avais tirées, lesquels m'avaient aplani toutes les difficultés. Je crus qu'il pourrait être utile aux artistes de leur indiquer les moyens qui m'avaient conduit si facilement à cette fin; mais les observations qui me furent faites par l'un d'eux, à l'opinion duquel je devais attacher l'importance que la supériorité de son talent et ses connaissances pouvaient donner, me firent craindre de m'être trompé, ou de ne pas m'être fait comprendre, et que l'avis contraire d'un ancien ami auquel je dois d'excellents conseils ne fût l'effet de son indulgence ou des études communes que nous avions faites. Je renonçai donc à publier mes essais; mais, plus tard, je lus dans le programme des cours suivis à l'École centrale des Arts et Manufactures, annoncé pour la première année dans le *Journal des Débats* du samedi 13 octobre 1832 : « Géométrie descriptive pure et *appliquée aux ombres et à la perspective*. » La supériorité des moyens qu'offrait la géométrie descriptive pour le tracé de la perspective, me parut dès lors prouvée par le choix qu'en avaient fait les professeurs distingués de cette école. Je me déterminai à extraire de mon premier ouvrage les principes que j'avais posés, les développements et les seuls problèmes d'applications que je crus nécessaires à leur intelligence, et à faire imprimer cet extrait pour un petit nombre d'amis et de personnes, dont quelques-unes pourraient concevoir, d'après cet essai, l'idée de traiter plus méthodiquement et plus clairement une science qui, je crois, ne peut être facilement enseignée et comprise que par des moyens analogues à ceux que j'ai employés.

APPLICATION
DE LA GÉOMETRIE DESCRIPTIVE

A LA

PERSPECTIVE ORDINAIRE.

NOTIONS PRÉLIMINAIRES.

DÉVELOPPEMENTS
des idées attachées aux expressions usitées dans la perspective ordinaire.

1° *Le tableau, le plan du tableau.* — Le tableau est une surface limitée ordinairement par des lignes droites formant un parallélogramme, et quelquefois par des lignes courbes formant un cercle ou un ovale.

Quelles que soient ces lignes courbes, on doit toujours considérer les formes qu'elles présentent comme étant inscrites dans un carré ou un parallélogramme, disposé de manière que l'un de ses côtés forme une base horizontale à laquelle seront parallèles toutes les horizontales que l'on aura à tracer dans le tableau; deux autres côtés seront alors verticaux; et toutes les verticales que l'on devra mener dans le tableau leur seront parallèles.

Le plan du tableau indique la surface du tableau considérée comme étant illimitée, étendue indéfiniment, et par conséquent pouvant contenir tous les points du tracé de perspective que l'on aurait à faire sur sa surface, à quelque distance qu'on les suppose situés hors de ses limites. Il est même plus convenable de ne tracer ces limites que lorsque le tracé de la perspective est terminé, parce qu'alors on ne circonscrit de ce tracé que ce qu'il convient d'en laisser voir ; ou, si on les conserve à cause de l'utilité dont elles peuvent être, rien n'empêche ensuite de faire varier la position du cadre formé par ces limites, de manière à obtenir ce résultat.

Fig. 44, Pl. 1. 2° *La ligne de terre*. — On indique par cette expression la base *c-d* d'un tableau, ou la section du plan du terrain par celui du tableau ; et comme ce dernier doit être considéré, ainsi que nous l'avons dit, comme étant illimité, la ligne *c-d*, suivant laquelle les deux plans se coupent, doit être également considérée comme prolongée indéfiniment de l'un et de l'autre côté du tableau dont elle forme la base.

Si l'on supprimait les autres côtés du tableau par la raison que l'on a vue plus haut, celui-ci doit toujours être conservé comme étant indispensable pour l'exécution du tracé.

3° *La ligne d'horizon*. — C'est une ligne *t-u*, tracée horizontalement dans le tableau, c'est-à-dire sur sa surface, à la hauteur où l'on suppose que doit être placé l'œil de la personne qui doit le regarder ; cette ligne doit être considérée comme étant la section du tableau par un plan horizontal qui passerait par cet œil.

4° *Le point de vue réel, l'œil du spectateur*. — C'est le point d'où le tableau doit être vu par la personne qui veut l'envisager ; c'est le seul d'où il puisse être bien et convenablement regardé, pour éprouver tout l'effet d'une perspective exacte. La moindre distance où ce point puisse être placé du tableau, doit être égale à celle où le point *b*, angle le plus éloigné du point *s*, se trouve de ce point, lequel est celui où la perpendiculaire *v-s*, menée de l'œil au tableau, le rencontre sur la ligne d'horizon. Ainsi, dans le cas où l'on aurait choisi cette moindre distance, la ligne *v-s* exprimant la distance de l'œil du spectateur au tableau, serait égale à la ligne *b-s*, exprimant la distance du point *s* à l'angle *b*, le plus éloigné de ce point.

La raison de cette règle est fondée sur l'expérience, qui a prouvé que l'œil ne pouvait voir nettement, sans confusion dans l'image, que l'étendue qui pouvait être située entre deux rayons visuels comprenant entre eux un angle de 90°. Chacun de ces rayons ferait ici, avec la perpendiculaire *v-s*, un angle de 45° : or, pour que ces rayons puissent comprendre entre eux toutes les parties du tableau, il faut qu'ils puissent passer par l'angle *b*, qui est le plus éloigné ; et pour cela il faut que les lignes *v-s* et *b-s* soient égales, car alors l'hypothénuse *v-b* sera ce rayon visuel qui passera par l'angle *b*, et formera avec la perpendiculaire *v-s* un angle de 45°.

La figure 45 rendra ceci plus sensible : l'œil *h* n'aper- Fig. 45, Pl. 1. cevrait que ce qui serait inscrit dans le cercle *m-t-k-m* où aboutit l'hypothénuse *h-t* du triangle *h-t-c*, rectangle au point *c*, tandis que l'œil placé en *a* apercevra tout le tableau inscrit dans un cercle formé du point *c* comme centre, avec le rayon *c-b*.

On peut supposer l'œil du spectateur placé à une plus grande distance ; mais je pense qu'elle ne doit jamais excéder une fois et demie la largeur du tableau : pour beaucoup de vues, une plus grande distance rendrait une partie des détails d'un grand ou d'un petit tableau peu ou point sensibles ; elle augmenterait la difficulté du tracé, et donnerait une perspective peu agréable ; elle serait d'ailleurs contraire à l'habitude générale de voir les objets, qui fait qu'on s'en approche aussi près qu'on le peut sans voir confusément.

5° *Point de vue figuratif.*—C'est un point *s* de la surface Fig. 44, Pl. 1. du tableau, situé sur l'horizon *t-u*, précisément celui où la perpendiculaire *v-s* menée de l'œil *v* du spectateur vient rencontrer cette ligne.

Cette perpendiculaire *v-s* est nécessairement aussi perpendiculaire au tableau, car elle est contenue dans le plan de l'horizon qui lui est perpendiculaire, et de plus perpendiculaire à la section commune *t-u* de ces deux plans.

Le point de vue figuratif, ou simplement point de vue, peut être placé sur toute la ligne de l'horizon, même au-delà des limites du tableau, bien que cela soit peu pratiqué. Placé au milieu du tableau, il ferait voir les deux côtés d'une perspective fuyante, telle que celle qui représenterait une allée d'arbres, une galerie ornée de colonnes ou de portiques, bien symétriquement semblables, ce qui serait assez monotone ; placé trop près de l'un ou de l'autre des côtés du tableau, l'on n'apercevrait que l'un ou l'autre des côtés de ces portiques, et l'on doit éviter ces deux inconvénients ; il ne convient pas non plus de le placer trop haut, surtout lorsqu'il s'agit de tracer la perspective d'un intérieur peu élevé ; mais alors il faut baisser la ligne d'horizon sur laquelle doit toujours être situé ce point de vue : c'est donc ce point qu'il faut d'abord fixer dans le tableau, puis ensuite tracer par ce point une horizontale qui sera la ligne d'horizon.

6° *Point de distance ou point d'éloignement.* — C'est un point g de la ligne de l'horizon, autant éloigné du point de vue figuratif s, que l'œil du spectateur ou point de vue réel v l'est de ce même point s ; d'où il suit que, pour fixer ce point, il suffit de prendre la distance s-v, et de la porter de s en g sur l'horizon. On en détermine deux, l'un à droite et l'autre à gauche du point de vue. On reconnaîtra plus tard l'utilité de cette dernière disposition, lorsque l'on fera connaître l'usage de ces points.

7° *Le pied du spectateur.* — On appelle ainsi le point y où la perpendiculaire v-y abaissée de l'œil v du spectateur, touche le plan du terrain. Ce point n'est cependant pas toujours celui où se trouverait le pied du spectateur, car si le point de vue était très-élevé dans le tableau, en sorte que la hauteur du spectateur réduite à l'échelle du tableau fût moindre que celle de son œil au-dessus du plan du terrain, le point y, où la verticale v-y le rencontre, n'en serait pas moins celui que l'on devrait considérer sous la dénomination de pied du spectateur : il serait donc plus exactement désigné en nommant ce point projection horizontale de l'œil du spectateur ; on verra plus tard quelle importance il a dans le tracé.

8° *Les fuyantes.* — On comprend sous cette dénomination toutes les lignes dont la direction est telle, qu'étant prolongées par l'une de leurs extrémités, elles rencontreraient le tableau, tandis que leurs prolongements par l'autre extrémité s'en éloigneraient d'autant plus qu'ils seraient plus considérables. De ce dernier côté ces lignes le fuient en effet, et de là vient la dénomination qu'elles ont reçue. Une fuyante peut être horizontale et ne former d'angle qu'avec le plan du tableau ; elle peut être inclinée et former un angle avec le plan du tableau, et aussi un angle avec celui du terrain ; les fuyantes horizontales f-e, h-g, n-a, o-k, etc., ne forment d'angles qu'avec le tableau l-i-k-m-l, fig. 43 ; celles h-g et e-f, fig. 44, forment des angles avec le tableau et avec le terrain.

9° *Le point évanouissant* est celui où la trace perspective de toute fuyante s'évanouit, où elle cesse, enfin au-delà duquel elle ne peut plus exister par des causes naturelles, que l'on essaiera de rendre sensibles dans la première leçon.

10° *Le point de rencontre* est celui où toute fuyante, soit elle-même, soit par son prolongement, rencontre le tableau. Le point l est le point de rencontre du tableau par la fuyante h-g prolongée de g en l. Le point i est celui de la rencontre du tableau par la fuyante n-a prolongée de a en i, fig. 43. Les points h et f sont ceux de la rencontre du tableau par les fuyantes mêmes g-h et e-f, fig. 44.

11° *Le point de concours* est un point où les traces perspectives de plusieurs fuyantes parallèles entre elles se réunissent, se confondent et s'évanouissent. Ce point est donc le point évanouissant de chacune d'elles ; et le point évanouissant d'une fuyante est le point de concours de toutes.

celles qui lui sont parallèles. Le point *s*, fig. **43**, est le point de concours des traces perspectives *m-s*, *t-s*, *l-s* et *k-s;* des fuyantes *f-m*, *l-h*, *b-i* et *d-k* parallèles entre elles.

12° *Le point accidentel.* — On entend désigner par cette expression un point évanouissant qui n'est ni le point de vue ni l'un des deux points de distance, qui peut être un point quelconque de la surface du tableau, excepté ces trois points. Cette distinction a peut-être été établie parce que le point de vue et le point de distance sont regardés comme des points principaux, et que des considérations qui leur sont particulières servent à en fixer les positions sur le tableau ; tandis que celles des points accidentels dépendent des accidents que présentent les directions variées à l'infini des fuyantes, dont les apparences s'évanouissent à ces points : cependant, quelles que soient ces directions, l'on verra que la position de ces points sur le plan du tableau est déterminée d'après une seule règle, invariable, quelle que soit la position des lignes fuyantes dont ils sont les points évanouissants ; or, je pense que cette dénomination est tout-à-fait inutile, et on ne la trouvera point employée dans ces leçons.

Fig. 42, Pl. 1. **13°** *Le terrain perspectif.* — L'espace d'un terrain horizontal que l'on pourrait apercevoir derrière le tableau supposé diaphane, serait limité dans le bas du tableau par la ligne de terre *c-d*, plus haut, par la ligne d'horizon *t-u*, quelle que soit l'étendue de ce terrain mesurée perpendiculairement à la ligne de terre, et par les portions des côtés verticaux du tableau *c-q* et *d-u* qui unissent la ligne de terre et l'horizon. Toutes les traces perspectives des lignes situées dans cette partie du plan du terrain, seront donc contenues dans la portion *c-d-r-q-c* du tableau, à laquelle on a donné le nom de terrain perspectif. Cependant cette dénomination conviendrait également à toute la zone du terrain située derrière le tableau, laquelle n'aurait de limites que la ligne de terre et l'horizon ; mais pour conserver à la portion indiquée du tableau une spécification exacte, on pourrait donner à la portion du terrain même, celle de terrain aperçu.

14° *Projection horizontale, projection verticale.*—Pour donner l'idée de la forme des corps par le sens de la vue, on les projette sur un plan de deux manières, dont l'une est nommée projection stéréographique, et l'autre projection orthographique. La première représente les solides sous la forme résultante des traces que laisseraient sur un plan interposé tous les rayons de lumière qui, partant de tous les points des solides, viendraient à l'œil, lequel devient le sommet du cône formé par ces rayons; or, l'on voit que cette sorte de projection n'est autre chose que ce que l'on appelle la perspective, parce que cette forme est semblable à celle sous laquelle nous apercevons les objets mêmes, vus de tous les points où la faculté de voir peut être exercée.

Dans la seconde manière, celle appelée projection orthographique, on suppose l'œil placé à une distance infinie, et les rayons parallèles entre eux : cette manière est celle dont on fait usage en géométrie descriptive, parce qu'elle a l'avantage de représenter les lignes parallèles aux plans de projections dans leur véritable grandeur, et que celles qui ne le sont pas peuvent facilement être soumises à cette condition, en sorte que l'on peut se rendre compte des dimensions exactes de toutes les parties d'un solide ainsi projeté.

Mais sans s'arrêter à la supposition inutile et inexacte de la position de l'œil à une distance infinie où il ne pourrait exercer la faculté de voir, la géométrie descriptive définit simplement ainsi les projections :

La projection d'un point sur un plan quelconque est le point où la perpendiculaire, menée du point à ce plan, le rencontre. La projection d'une ligne sera donc la ligne formée sur le plan sur lequel on la projette, par les points de rencontre de ce plan, par toutes les perpendiculaires menées à ce plan , de tous les points qui composent la ligne ; et la projection d'un solide sera la figure qui résultera de la rencontre du plan de projection par toutes les perpendiculaires menées à ce plan de tous les points qui composent le solide.

L'on admet toujours deux plans de projection, l'un horizontal, comme *e-d-b-c*, et l'autre vertical, comme *c-g-h-b-c*. Ces deux plans se coupent à angle droit suivant une ligne *c-b*, que l'on appelle section commune des deux plans coordonnés.

Le point *f*, projection du point *a* sur le plan horizontal, se nomme *projection horizontale;* et le point *i*, projection du même point *a* sur le plan vertical , se nomme *projection verticale* de ce point. La ligne *l-m* est la projection horizontale de la ligne *a-b*, et la ligne *k-i* en est la projection verticale.

Les ouvriers, avant que le langage de la géométrie descriptive fût aussi généralement connu , appelaient les projections faites sur le plan horizontal, *plan par terre*, et celles faites sur celui vertical , *plan relevé*. A ces dénominations on a plus généralement substitué celles de *plan* et *élévation*, qui sont plus simples; et enfin , la géométrie descriptive ayant à désigner des surfaces planes sans épaisseur et illimitées , les a appelées *plans*, et a évité la confusion , en désignant les projections de la manière qui leur est la plus convenable.

1re LEÇON,

Définition de la perspective.

La perspective est l'art de tracer, sur un plan, les objets tels qu'ils apparaissent à nos yeux, suivant des conditions données, c'est-à-dire suivant la position de l'œil du spectateur, la forme des objets, leur éloignement du tableau, et d'après les lois que la nature a établies pour opérer en nous le phénomène de la vision.

Comment s'opère la vision.

La lumière est l'agent indispensable que la nature emploie dans cette opération ; c'est par son mouvement et l'action qu'elle a sur le nerf optique que la vision a lieu : sans elle nous serions privés de la faculté de voir.

La lumière émane de tous les corps lumineux, inonde, en quelque sorte, tous les corps opaques qui sont dans la sphère de cette émanation, laquelle a toujours lieu en lignes droites que l'on nomme rayons. Ces rayons sont répercutés aussi en lignes droites par chacun des points des corps opaques, lorsque ces points en ont été frappés, et cette répercussion a lieu suivant un angle égal à celui de l'incidence du rayon.

Ces rayons répercutés viennent directement des points qui les ont répercutés, à l'œil fixé sur eux, s'y introduisent, et déposent sur sa rétine l'image des points dont ils sont partis.

Théorie du tracé de la perspective.

Si nous supposons qu'une surface diaphane soit placée entre le point éclairé et l'œil du spectateur, le rayon de lumière répercuté par le point éclairé traversera cette surface avant d'arriver à l'œil ; et si nous marquons sur la surface le point de passage du rayon , la trace que nous aurons faite sera la perspective du point éclairé.

Il en sera de même de tous les points d'une ligne, et cette succession de points donnera la perspective de la ligne.

Les traces perspectives de plusieurs lignes limitant des surfaces, étant ainsi déterminées, donneront la perspective des surfaces , comme les traces perspectives des surfaces limitant des corps, donneront la perspective des corps qu'elles limitent.

Ces premières propositions de la théorie du tracé peuvent déjà faire entrevoir que l'on n'a à considérer en perspective que les lignes droites, et l'on ne tardera pas à être convaincu qu'en effet, en traçant la perspective de lignes droites, l'on obtient celle d'un point ; qu'en déterminant celle de plusieurs points d'une ligne courbe, on obtient la trace perspective de cette ligne , en la faisant passer par ces points ; et qu'enfin toutes les surfaces planes limitées par des courbes, pouvant être inscrites dans des figures formées par des lignes droites, et les corps limités par des surfaces courbes inscrites par des surfaces planes, toute la perspective se réduit au tracé de l'apparence des lignes droites.

De toutes les positions des lignes dans l'espace, considérées par rapport au tableau.

L'unique chose à considérer relativement aux lignes droites dont on a à tracer la perspective, est leurs directions par rapport au tableau , et, par suite, par rapport au terrain , puisque la direction de leurs traces perspectives sur le tableau dépend de la direction des lignes elles-mêmes par rapport à lui.

Pour faciliter ces considérations , nous diviserons toutes ces lignes en deux classes, dont la première comprendra toutes *les lignes parallèles au tableau;* et la seconde, toutes *les fuyantes.*

Nous formerons trois divisions des lignes comprises dans la première classe : la première division se composera de toutes *les verticales;* la seconde, de toutes *les horizontales;* et la troisième , de toutes *les lignes inclinées par rapport au plan du terrain*, et qui ne cessent cependant pas d'être parallèles au tableau.

Nous formerons aussi deux divisions de toutes les lignes comprises dans la seconde classe : la première de ces deux divisions se composera de toutes les fuyantes horizontales, c'est-à-dire de toutes *les lignes qui, étant parallèles au plan du terrain, ne forment d'angle qu'avec le tableau;* et la seconde division se composera de toutes *les lignes qui forment un angle quelconque avec le plan du tableau, et aussi un angle quelconque avec le plan du terrain.*

Des apparences ou traces perspectives des lignes dans le tableau, suivant l'ordre que nous avons établi par leur classification et les subdivisions de cette classification.

Une règle générale, et qui n'a aucune exception, détermine sur le tableau les directions des lignes suivant lesquelles les lignes comprises dans la première classe ont leurs traces perspectives.

Une autre règle, aussi sans aucune exception, déterminera les directions des lignes suivant lesquelles toutes les lignes comprises dans la seconde classe ont leurs traces perspectives sur le tableau.

Suivant la première de ces deux règles, toutes les lignes comprises dans la première classe, c'est-à-dire toutes les lignes parallèles au tableau, auront leurs apparences perspectives dans le tableau, suivant des lignes parallèles à elles-mêmes.

Suivant la seconde règle, toutes les lignes comprises dans la seconde classe, c'est-à-dire toutes les fuyantes, auront leurs traces perspectives sur le tableau, suivant des lignes menées des points où ces fuyantes elles-mêmes ou les prolongements de ces fuyantes rencontrent le tableau, à un point évanouissant qui est toujours celui où une ligne menée de l'œil du spectateur, parallèlement à la fuyante elle-même, rencontre le tableau.

Conséquemment à la première règle, les lignes comprises dans la première division de la première classe, c'est-

à-dire toutes les lignes verticales, auront leurs traces perspectives sur le tableau, *suivant des lignes parallèles aux côtés verticaux du tableau ;* car la verticale étant parallèle aux côtés verticaux du tableau, et son apparence dans le tableau parallèle à la verticale même, cette apparence sera aussi parallèle aux côtés verticaux du tableau, puis qu'une ligne parallèle à une autre ligne l'est aussi à toutes celles qui sont parallèles à celle-ci.

Les lignes comprises dans la seconde division, c'est-à-dire les lignes horizontales, auront leurs traces perspectives sur le tableau, *suivant des lignes parallèles aux côtés horizontaux du tableau,* par des raisons analogues à celles données précédemment sur le parallélisme des lignes entre elles.

Enfin, les lignes comprises dans la troisième et dernière division de la première classe, c'est-à-dire les lignes qui, sans cesser d'être parallèles à la surface du tableau, sont cependant inclinées par rapport au plan du terrain, auront leurs traces perspectives sur le tableau, seulement parallèles à la ligne inclinée même, puisqu'il n'y a aucune ligne connue et fixe dans le tableau qui soit parallèle à celle-ci.

Toutes les lignes comprises dans la première division de la seconde classe, c'est-à-dire toutes les fuyantes horizontales ou lignes formant un angle quelconque avec le tableau, tout en restant parallèles au plan du terrain, ont leurs apparences ou traces perspectives sur le tableau, *suivant des lignes menées des points où ces fuyantes ou leurs prolongements rencontrent le tableau ou le prolongement de sa surface, à des points évanouissants qui seront situés sur la ligne d'horizon,* savoir :

Au point de vue pour les fuyantes qui formeront un angle droit ou de 90° avec le tableau ; car le point de vue est le point où la ligne menée de l'œil du spectateur, parallèlement à ces fuyantes, rencontrerait le tableau.

Au point de distance pour les fuyantes qui formeront 45° avec le tableau ; car le point de distance est celui où la ligne menée de l'œil du spectateur, parallèlement à ces fuyantes, rencontrerait le tableau.

Entre le point de vue et les points de distance pour les fuyantes qui formeront un angle de plus de 45° et de moins de 90° avec le tableau ; car la ligne menée de l'œil du spectateur, parallèlement à ces fuyantes, rencontrerait le tableau entre le point de vue et les points de distance.

Au-delà des points de distance pour les fuyantes qui formeront moins de 45° avec le tableau ; car la ligne menée de l'œil du spectateur, parallèlement à ces fuyantes, rencontrerait le tableau sur la ligne d'horizon au-delà des points de distance.

On sent bien que ces deux derniers effets ont lieu à droite ou à gauche du point de vue, suivant que la fuyante s'écarte de l'un ou de l'autre côté de ce point.

Toutes les lignes comprises dans la seconde et dernière division de la seconde classe, c'est-à-dire toutes les fuyantes inclinées par rapport au plan du tableau, et aussi inclinées par rapport au plan du terrain, auront leurs apparences ou leurs traces perspectives sur le tableau, *suivant des lignes menées des points où ces fuyantes ou leurs prolongements rencontreront le tableau ou le prolongement de sa surface, à des points évanouissants situés sur des verticales passant par les points évanouissants des plans ou projections horizontales de ces fuyantes.*

Ainsi les fuyantes, inclinées par rapport au tableau et au terrain dont les projections horizontales seront perpendiculaires au tableau et par conséquent à la ligne de terre, *auront leurs points évanouissants situés sur une verticale passant par le point de vue.*

Les fuyantes inclinées par rapport au tableau, et au terrain dont les projections horizontales formeront un angle de 45° avec la ligne de terre, *auront leurs points évanouissants sur des verticales passant par les points de distance.*

Les fuyantes, inclinées par rapport au tableau et au terrain dont les projections horizontales formeront avec la ligne de terre des angles de moins de 90° et de plus de 45°, *auront leurs points évanouissants situés sur des verticales passant entre le point de vue et les points de dis-*

tance, puisque les points évanouissants des projections horizontales de ces fuyantes seraient situés sur l'horizon entre le point de vue et les points de distance.

Enfin, les fuyantes, inclinées par rapport au tableau et au terrain dont les projections horizontales formeront avec la ligne de terre des angles de moins de 45°, *auront leurs points évanouissants situés sur des verticales passant par des points de l'horizon situés au-delà des points de distance*, puisque les projections horizontales de ces fuyantes auront, dans ce cas, leurs points évanouissants situés sur l'horizon, au-delà des points de distance.

Ces points évanouissants seront situés sur les verticales au-dessus de la ligne d'horizon, lorsque les fuyantes tendront à s'approcher du tableau par le bas, et à s'en écarter par le haut; et au-dessous de la ligne d'horizon, lorsque les fuyantes tendront à s'approcher du tableau par le haut, et à s'en écarter par le bas.

Démonstrations servant de preuves aux règles établies ci-dessus.

Il nous reste à prouver que toutes les lignes, quelle que soit la position qu'elles occupent dans l'espace par rapport au tableau et par rapport au terrain, rangées dans les deux classes que nous en avons formées, ont en effet leurs apparences dans le tableau, telles que nous les avons indiquées pour chacune de ces classes et de leurs subdivisions.

L'on sait que deux plans parallèles l'un à l'autre sont toujours coupés par un troisième plan suivant deux lignes parallèles entre elles.

Fig. 10, Pl. A. Considérons la ligne à mettre en perspective *l-m* comme la trace de la section d'un plan passant par cette ligne, et parallèle à celui du tableau, par le plan formé de tous les rayons, que répercutent les points de la ligne *c* vers l'œil du spectateur : la ligne de section *g-h* du tableau par ce plan sera parallèle à la ligne à mettre en perspective, quelque angle que le plan des rayons forme avec le plan passant

par cette ligne, et avec celui du tableau ; et puisque la ligne
de section du tableau par le plan des rayons est celle suivant laquelle la ligne à mettre en perspective a son apparence dans le tableau, si cette ligne est verticale comme celle
l-m, son apparence h-g sera verticale ; si elle est horizontale
comme celle i-k, son apparence n-o sera horizontale, et par
conséquent parallèle aux lignes du tableau dont les directions seront analogues à la sienne : or, c'est ce qui a lieu
pour toutes les lignes comprises dans la première classe.

Quant aux fuyantes formant la seconde classe des lignes ; considérons que le rayon de lumière qui apporte à
l'œil du spectateur l'image du point p, de la fuyante g-r ou
du prolongement de cette fuyante qui touche le tableau, est
aussi celui qui forme, avec la parallèle c-s menée de l'œil
à cette fuyante, l'angle le plus ouvert ; qu'en conséquence
le point p, où ce rayon touche le tableau, doit être le plus
éloigné de celui s, où la parallèle à la fuyante rencontre le
tableau ; que le rayon de lumière t-c, qui apporte à l'œil
du spectateur l'image du point de la même fuyante, le
plus éloigné du tableau que l'on puisse supposer, est celui
qui formerait, avec la parallèle menée de l'œil du spectateur à la fuyante, le plus petit angle possible, et qui tra-
verserait le tableau le plus près du point où la parallèle
rencontre le tableau : et puisque nous avons supposé que
l'angle compris entre ce rayon et cette parallèle était le
plus petit possible, le rayon de lumière qui passerait ce
degré se confondrait avec la parallèle, serait, comme
elle, parallèle à la fuyante, et n'apporterait à l'œil l'image
d'aucun de ses points dont il ne pourrait provenir : donc
le point où la parallèle menée de l'œil à la fuyante touche le tableau, est le point évanouissant de la fuyante.

L'on concevra facilement qu'entre ces deux points,
dont l'un a son apparence p sur le tableau, la plus éloignée du point s où la parallèle rencontre sa surface, et le
point v, dont l'apparence en est le plus près, la succession
des points produits par les rayons intermédiaires ne peut
que former une ligne droite p-s sur la surface du tableau,
laquelle ligne est la trace perspective suivant laquelle la

fuyante a son apparence dans le tableau : donc, la trace perspective de toute fuyante est, suivant une ligne tracée de son point de rencontre avec le tableau, au point où la parallèle, menée à la fuyante, de l'œil du spectateur, rencontre aussi le tableau (A).

Nous avons cru utile de résumer cette leçon dans le tableau synoptique qui suit.

2ᵉ LEÇON.

*Tracé de la perspective des lignes verticales formant
la première division de la première classe.*

En suivant méthodiquement, dans l'indication du tracé,
l'ordre que nous avons établi par la division de toutes les
lignes, suivant les différentes positions qu'elles occupent
dans l'espace, non-seulement nous éviterons la confusion
d'idées qui naîtrait du désordre avec lequel nous procéde-
rions en agissant autrement, mais encore la méthode que
nous suivons nous paraît devoir abréger singulièrement
l'enseignement de la perspective, et en fixer plus invariablement dans la mémoire la théorie et la pratique.

Une chose que l'on peut regarder comme indispensable
pour opérer un tracé, c'est d'établir le plan et l'élévation des objets que l'on a à mettre en perspective ; et lorsqu'on avance que l'on peut se passer de l'un et de l'autre,
certainement l'on suppose qu'ils sont dans la tête de celui qui opère ; car il ne peut agir qu'en les considérant
sans cesse. On peut en effet, pour des tracés très-simples,
éviter de former un plan et une élévation, lorsque les mesures que l'un et l'autre vous donneraient sont fixées bien
clairement dans la mémoire : mais il y a certaines positions des corps dont nous pensons qu'il serait impossible
au meilleur praticien de se rendre assez compte pour en
tracer la perspective, sans avoir le plan et l'élévation de
ces corps dans ces positions.

Nous supposons que les opérations si simples, avec
l'aide desquelles on établit le plan d'un point, d'une ligne et
d'un corps, sont familières à celui qui voudra lire ces leçons ;
cependant, afin d'en généraliser l'utilité, nous indiquerons,
dans l'une des notes qui les suivront, les moyens de tracer un plan, ce que nous ne pourrions faire ici sans
interrompre la suite des idées que nous regardons

comme important de faire succéder les unes aux autres (B).

Nous désignerons tout ce qui sera *plan* par la dénomination de *projection horizontale*, et ce qui sera *élévation* par celle de *projection verticale*, comme on le fait en géométrie descriptive, afin que le lecteur ne confonde pas le mot *plan*, indiquant la projection horizontale d'un point, d'une ligne, etc., avec le même mot indiquant la surface du tableau, celle du terrain, etc.

D'abord, nous avons considéré les objets à mettre en perspective, le tableau, l'œil du spectateur et les lignes que nous avons dû mener des uns aux autres, comme étant situés dans l'espace. Cette manière de les envisager facilitait l'intelligence des démonstrations que nous avons faites ; mais elle présenterait dans le tracé des difficultés presque insurmontables.

Le moyen de détruire ces difficultés est de supposer le plan du tableau, celui de l'horizon et celui du terrain confondus, en sorte que ces trois plans n'en forment plus qu'un sur lequel on opère.

Fig 1, Pl. A.   Pour concevoir comment cette fusion doit avoir lieu, imaginons que le plan de l'horizon tourne sur la section *a-b* du tableau *c-d-e-f-c*, par ce plan, laquelle section est, comme l'on sait, la ligne d'horizon ; chacun des points de la surface du plan de l'horizon décrira, pendant ce mouvement, un quart de cercle dans un plan perpendiculaire à celui du tableau. L'œil du spectateur compris dans le plan de l'horizon décrira donc le quart de cercle *g-h* ; arrivé au point *h* il sera dans le plan du tableau. Sa distance *h-k* du point de vue *k* sera la même que celle *g-k* qu'il avait avant le mouvement : car les lignes *h-k* et *g-k* sont deux rayons du quart de cercle qu'il a décrit. Son éloignement des deux points de distance *a* et *i* reste aussi le même après comme avant le mouvement, puisque le mouvement a eu lieu dans un plan perpendiculaire au tableau ; et toutes les lignes que nous mènerons du point *h* au tableau, ou aux lignes tracées sur sa surface, auront, avec lui et avec elles, les mêmes rapports que ceux qu'elles auraient eus si elles eussent été menées du point g, situation de l'œil dans le plan de l'horizon avant le mouvement de ce plan.

Maintenant imaginons que le plan c-d-e-f-c du tableau, que nous supposons prolongé indéfiniment, tourne autour de la ligne de terre f-e comme charnière pour venir se confondre avec celui du terrain, le point h, œil du spectateur, situé maintenant dans le plan du tableau, sera entraîné comme tous les autres dans le mouvement de ce plan, et viendra se confondre au point l, dans le plan du terrain, après avoir décrit le quart de cercle h-l, le point de vue k décrira le quart de cercle k-m, et sera fixé en m dans le plan du terrain ; les points de distance A et I viendront s'y placer en o et n, et la ligne d'horizon a-b se trouvera en o-n, position absolument semblable à celle qu'elle avait en a-b, relativement à la ligne de terre f-e, et toutes les autres lignes et points du tableau dont les limites c-d-e-f-c seront, dans le plan du terrain, après le mouvement, les lignes p-q-e-f-p.

Dans cette nouvelle situation, l'on voit que le tableau couvrirait la figure triangulaire x-u-v, projection horizontale tracée sur le terrain, d'un objet à mettre en perspective ; que toutes les lignes que nous serions obligés de mener de cette projection à la ligne de terre f-e, au point de vue m, ou aux points de distance o et n, etc., produiraient bientôt une confusion telle, qu'il faudrait une attention soutenue et fatigante pour distinguer les lignes de la construction de celles de la projection, surtout si celles de cette dernière, au lieu de former un triangle, présentaient une figure très-compliquée.

Cet inconvénient sera encore écarté, si nous supposons que le plan du terrain ait tourné autour de la ligne de terre f-e, de manière que la partie de ce plan, située derrière le tableau soit venue remplacer la partie qui était en avant, tandis que celle-ci est allée remplacer celle qui était derrière. Après ce mouvement, le point u du triangle se trouvera placé en y, après avoir décrit la demi-circonférence u-2-y, le point v sera en z, et le point x en 1. Le point r, projection horizontale de l'œil, ou pied du spectateur, aura décrit la demi-circonférence *r-s-t*, et se trouvera fixé en *t* dans les plans ainsi confondus.

Fig. 2, Pl. A.   Ainsi, le résultat de ces suppositions et de ces mouvements des plans du tableau, de l'horizon et du terrain, est de nous les présenter réunis en un seul comme dans la figure 2, et comme nous ne cessons pas de les considérer comme étant diaphanes, toutes les traces faites sur l'un ou sur l'autre seront également aperçues, et néanmoins on saura que les lignes formant le carré *c-d-e-f-c* appartiennent au plan du tableau, puisqu'elles sont les limites tracées dans ce plan pour ne laisser voir que ce que l'on veut qui soit vu du tracé ; que le point de vue *k*, les points de distance *a* et *i*, et la ligne d'horizon *a-i* sont également dans le plan du tableau, que le point *h* œil du spectateur appartient au plan de l'horizon, que le triangle *v-u-x-v* est dans la portion du plan du terrain, ramenée devant le tableau, et qu'enfin le point *s*, projection horizontale de l'œil, appartient à la portion de ce même plan, laquelle portion est allée se placer derrière ce tableau : cela bien entendu, nous pouvons, sans obstacle, nous occuper du tracé.

Tracé de la perspective d'une ligne verticale.

Fig. 1, Pl. B.   Soient *a-b-c-d-a* le tableau abattu sur le terrain, *d-c* la ligne de terre prolongée indéfiniment vers *c'* et vers *h'*, *m-γ* la ligne d'horizon, *f* le point de vue, les deux points *m* et *γ* les points de distance ; *γ'* l'œil même du spectateur dans le plan de l'horizon ; *œ* la projection horizontale de cet œil sur le plan du terrain ; *g* la projection horizontale de la verticale à mettre en perspective ; *r-i* sa projection verticale prolongée de *r* en *h'*, point où elle rencontre le terrain.

Nous pensons que le moyen d'éviter toute hésitation sur ce que l'on a à faire pour commencer et conduire toute opération du tracé, est de procéder en se faisant la série de questions que nous indiquons plus bas. Si l'on se rappelle ce qui précède, nous croyons que les réponses que l'on se ferait seraient à peu près dans le sens de celles que nous avons faites, et guideraient assez bien dans les opérations du tracé : au reste, nous prendrons soin, lorsque nous le croirons utile, d'indiquer par des numéros de renvoi les paragraphes qui auront un rapport direct avec les propositions énoncées, afin d'en faciliter l'intelligence et d'aider la mémoire.

Demande. Que faut-il faire pour mettre un objet en perspective ? — *Réponse*. Tracer la perspective de sa projection horizontale.

D. Quelle est la projection horizontale de la verticale qu'il s'agit de mettre en perspective ? — *R*. Le point g.

D. Que faut-il faire pour mettre un point en perspective ? — *R*. Faire passer par ce point deux lignes dont les traces perspectives aient une direction connue, et différentes l'une de l'autre.

D. Quelles sont ces lignes ? — *R*. La fuyante perpendiculaire au plan du tableau ou formant avec ce plan un angle de 90°, dont la trace perspective est dirigée du point de rencontre de cette fuyante avec le plan du tableau au point de vue ; et la fuyante appelée diagonale, formant un angle de 45° avec le plan du tableau, laquelle fuyante a sa trace perspective dirigée de son point de rencontre avec le plan du tableau, à l'un ou à l'autre des points de distance.

Opérant conséquemment à ces réponses, du point g, projection horizontale de la verticale à mettre en perspective, on mènera la ligne g-k perpendiculairement à la ligne de terre d-c, cette ligne perpendiculaire à la ligne de terre le sera par conséquent au tableau qu'elle rencontrera, au point k de sa section par le plan du terrain.

Du point de rencontre k on mènera au point de vue f la trace perspective k-f de la perpendiculaire g-k, laquelle trace perspective contiendra la trace perspective du point g.

Du même point g on mènera la diagonale g-l, soit en formant au point g l'angle k-g-l de 45°, soit (ce qui est plus simple et donne le même résultat) en prenant la distance g-k, et la portant de k en l sur la ligne de terre.

Du point l, de rencontre du tableau par la diagonale g-l, on mènera la ligne l-m, trace perspective de la diagonale l-g, qui contient aussi celle du point g, lequel point aura ainsi son apparence déterminée au point n d'intersection des deux lignes.

D. Que faut-il pour tracer une ligne droite ? — R. Avoir deux points de cette ligne, ou un seul point et sa direction. Or, nous avons le point n, et nous savons que toute verticale a son apparence dans le tableau suivant une ligne parallèle aux côtés verticaux du tableau ; du point n nous mènerons donc la ligne indéfinie n-o, parallèlement à ces côtés a-d ou b-c, et nous n'aurons plus à déterminer sur cette ligne que les deux points extrêmes de l'apparence de la verticale.

Nous avons vu que, pour déterminer la perspective d'un point, il fallait faire passer par ce point deux lignes dont on connaisse les directions, on remarquera que la ligne n-o devant contenir l'apparence de la verticale, contient aussi celle de ses deux points extrêmes, et qu'il ne s'agit plus que de tracer une seule ligne pour chacun de ces points, laquelle ligne passant par ce point en déterminera la perspective à son point de section avec la ligne n-o qui les contient toutes deux.

Imaginons un plan passant par la ligne n-o, ce plan contiendra la trace perspective de la verticale qui doit se trouver suivant cette ligne, contiendra le point n, perspective de la projection horizontale de la verticale ; sera vertical lui-même, coupera le plan du terrain suivant la ligne horizontale k-f, et le tableau suivant la verticale k-p.

Prenons sur la projection verticale la hauteur ou l'élévation h'-r du point r, extrémité inférieure de la verticale au-dessus du plan du terrain. Portons cette hauteur de k en q sur la ligne de section du tableau par le plan que nous avons imaginé, prenons de même la hauteur h'-i du point i, extrémité supérieure de la verticale au-dessus du terrain, et portons cette hauteur de k en s sur la même ligne de section.

Des points k et s imaginons deux horizontales prolongées indéfiniment dans le plan qui contient la ligne n-o, et par conséquent l'apparence de la verticale : il est évident que ces deux horizontales passeront par les apparences ou traces perspectives des points extrêmes de la verticale ; que ces horizontales seront parallèles à la ligne k-f, qui est en même temps la trace perspective de la ligne k-g, perpendiculaire au tableau, et la trace perspective de la section du terrain par le plan passant par la ligne n-o; qu'étant parallèles à la ligne k-f, elles auront le même point f pour point évanouissant ; et qu'enfin les points où elles rencontreront le tableau seront les points q et s de la ligne de section du tableau par le plan supposé.

Si donc, des points q et s, nous menons au point de vue f les fuyantes q-f et s-f, les points t et u, où ces fuyantes couperont la ligne n-o, seront les points extrêmes de la verticale, dont l'apparence entière sera la ligne u-t.

Le plan que nous avons fait passer par la verticale, et dans lequel nous avons mené des horizontales pour déterminer les apparences des points extrêmes de la verticale, est ce que l'on appelle *plan de l'échelle de dégradation;* la section k-f du terrain par ce plan, est la base de l'échelle ; et la ligne k-p, la section du tableau par ce même plan, sur laquelle on porte toutes les hauteurs des différents points que l'on veut déterminer au moyen de cette échelle, ainsi que nous l'avons indiqué pour les points i^{o} et i de la verticale.

Nous observerons que l'on aurait pu prendre pour base de l'échelle une fuyante ayant sur l'horizon tout autre point évanouissant que le point de vue, pourvu que cette fuyante, ainsi que celle k-f, eût passé par la trace perspective n, du point où la verticale ou son prolongement touche le terrain. Par exemple, si nous eussions pris la fuyante m-l, la section du tableau par le plan passant par la verticale, et dont la fuyante m-l eût été l'intersection avec le plan du terrain, la section du tableau par ce plan, disons-nous, eût été la ligne l-v sur laquelle nous eussions porté les hauteurs h'-r et h-i de l en x et de l en z; des points x et z nous eussions mené au point de distance m les fuyantes x-m et z-m, qui coupent la ligne *n-o* aux mêmes points *t* et *u*, où elle avait été coupée par les fuyantes *s-f* et *q-f*, ce qui donne le même résultat.

Plus la ligne de section du tableau *k-p* sera près du point évanouissant *f* de la fuyante *k-f*, base de l'échelle, plus la ligne *n-o* sera coupée par les fuyantes *s-f* et *q-f* suivant des angles aigus, et plus il y aura d'incertitude dans la détermination des points de section *t* et *u*. Il pourrait même arriver que cette ligne de section du tableau passât par le point évanouissant même de la base de l'échelle. Dans ce cas, la ligne de section du tableau par le plan de l'échelle, la verticale que ce point doit contenir, et le point évanouissant, confondant leurs apparences dans une seule ligne, il ne serait plus possible de tracer dans le plan de l'échelle les fuyantes dont les intersections avec la ligne *n-o* déterminent les points *t* et *u*. Mais nous avons dit que l'on pouvait choisir pour base de l'échelle une fuyante dont le point évanouissant serait un point quelconque de la ligne d'horizon, et c'est ce que l'on pourrait faire dans le cas que nous indiquons.

Cependant, comme il importe de ne pas multiplier les lignes dans un tracé, afin d'éviter la confusion qu'elles produisent, on pourra confondre le plan de l'échelle avec celui du terrain : ce plan sera conséquemment horizontal, au lieu d'être vertical ; et cette fusion aura lieu en opérant ainsi :

Du point *n* que l'on aurait obtenu avec la même facilité, si la section du tableau, la verticale et le point évanouissant eussent été sur la même ligne, on mènera indéfiniment l'horizontale *n-2*. Cette horizontale sera la ligne *n-o*, couchée dans le plan de l'échelle, abattu lui-même sur le terrain. Ce plan, dans cette position, coupera le tableau suivant la ligne de terre, et le terrain suivant la ligne *k-f*; du point *k*, nous porterons les hauteurs *h'-r* et *h'-i*, de *k* en 3 et de *k* en 4 : des points 3 et 4 nous mènerons les fuyantes *3-f* et *4-f*, lesquelles couperont l'horizontale *n-2* aux points 5 et 6, et détermineront ainsi la grandeur de l'apparence de la verticale ; il ne s'agira plus que de la placer dans la position qu'elle doit avoir, ce qui sera facile en portant le point 6 de *n* en *t*, et le point 5 de *n* en *u*. On voit que ces trois manières de placer l'échelle de dégradation offrent les mêmes résultats, et que l'on peut choisir l'une ou l'autre suivant des cas analogues à celui que nous avons cité.

Enfin, il est encore une manière de placer l'échelle de dégradation, que nous ne devons pas négliger d'indiquer, parce que, d'après cette manière, l'échelle étant construite hors des limites du tableau, on diminue singulièrement le nombre des lignes que l'on a à tracer, lorsqu'elle est dans ces limites, et que d'ailleurs une seule échelle ainsi disposée peut (sans établir de confusion) servir à déterminer toutes les hauteurs des différentes verticales, souvent très-multipliées dans le même tracé.

Soient *a-b-c-d-a* la projection horizontale d'un plan si- Fig. 2, Pl. C. tué dans l'espace; *e-f*, la projection verticale du côté *a-b* de ce plan, perpendiculaire, comme l'on voit, au plan vertical de projection, mais incliné par rapport à celui du terrain. Mettant chacun des points *a*, *b*, *c* et *d* en perspective, celle du point *a* se trouvera au point *k*, celle du point *d* au point *t*, celle du point *c* au point *m*; le point *b* aura sa trace perspective en *i*, et le trapèze *k-l-m-i-k* sera la perspective du parallélogramme *a-d-c-b-a*, projection horizontale du plan situé dans l'espace.

Les points *a*, *d*, *c* et *b* sont ceux où aboutissent sur le terrain les perpendiculaires abaissées de chacun des angles du plan dans l'espace, pour en obtenir la projection horizontale. Si donc, des quatre points perspectifs *i*, *l*, *m*, *k*, nous traçons parallèlement aux côtés verticaux du tableau les lignes indéfinies *k-n*, *i-p*, *l-o* et *m-q*, les perpendiculaires dont nous venons de parler auront leurs apparences suivant ces lignes, sur lesquelles nous n'aurons plus qu'à déterminer la hauteur de chacun des angles du plan dans l'espace, angles d'où les perpendiculaires ont été abaissées sur le terrain.

Pour y parvenir avec plus de netteté, et sans multiplier les échelles de dégradation, du point 2, pris arbitrairement sur la ligne de l'horizon, hors des limites du tableau, traçons indéfiniment la fuyante 2-8, base de l'échelle ou section du terrain par le plan de l'échelle ; du point 8 élevons la verticale 8-9, section du tableau par ce même plan dans lequel nous amènerons toutes les verticales dont nous aurons à déterminer les hauteurs.

Des points perspectifs k, i, m et t, où les verticales touchent le terrain, menons parallèlement à la ligne de terre les horizontales $l\text{-}r$, $k\text{-}s$, $m\text{-}t$ et $i\text{-}u$; des points r, s, t et u où ces horizontales coupent la base de l'échelle, élevons les verticales indéfinies $r\text{-}v$, $s\text{-}y$, $t\text{-}x$ et $u\text{-}z$: ces lignes seront comprises dans le plan de l'échelle.

Remarquons que le point e, de la projection verticale $e\text{-}f$ du plan dans l'espace, est en même temps la projection de deux angles du plan, lesquels angles sont projetés horizontalement en a et en d ; que le point f est de même la projection verticale des deux autres angles projetés horizontalement en b et en c ; et que conséquemment les points a et d ont la même hauteur au-dessus du terrain, hauteur exprimée par la verticale $g\text{-}e$, comme les angles b et c ont une hauteur commune exprimée par la verticale $h\text{-}f$.

Prenons donc la hauteur $g\text{-}e$ des deux angles a et d, au-dessus du terrain, et portons cette hauteur de 8 en 9 sur la ligne de section du tableau par le plan de l'échelle, puis la hauteur $h\text{-}f$ des deux autres b et c, et portons-la sur cette même section de 8 en 10 : par les points 9 et 10 menons au point 2, point évanouissant de la base, les fuyantes 9-2 et 10-2, et les lignes de projection amenées dans le plan de l'échelle seront coupées par ces fuyantes à la hauteur où se trouve chacun des angles du plan dans l'espace, et proportionnellement à l'éloignement de chacun de ces angles du plan du tableau.

Il ne faut plus que ramener ces hauteurs sur les traces perspectives de ces verticales : pour cela, du point v menons l'horizontale $v\text{-}o$, et le point o où elle rencontrera la verticale $l\text{-}o$ sera la trace perspective du point d, l'un des angles du plan ; ou (ce qui est moins long) prenons la hauteur $s\text{-}y$, portons-la de k en n, la hauteur $t\text{-}x$ de m en q, et celle $u\text{-}z$ de i en p, et le trapèze $n\text{-}o\text{-}q\text{-}p\text{-}n$ sera la perspective du plan.

En opérant pour chacune des verticales isolément, on eût été obligé de construire quatre échelles : l'une d'elles, dont la base 6-*m* prolongée s'évanouit au point de distance 3, eût contenu dans son plan la verticale *m-q*, dont nous eussions porté la hauteur *h-f*, de 6 en 5, sur la ligne de section du tableau par ce plan ; et la fuyante 5-*q* menée du point 5 au point 3, eût contenu au point *q* la hauteur perspective du point *f* au point *q*. De même que cette hauteur a été déterminée par la parallèle horizontale *x-q*, la hauteur *g-e* du point *e* au-dessus du terrain, portée de 7 en 4, eût été déterminée en *o*, au moyen de la fuyante 4-3 qui coupe la verticale *l-o* au même point où elle a été coupée par l'horizontale *v-o*, et ainsi des autres ; mais on sent combien toutes ces lignes auraient embrouillé le tracé.

Il est vrai que l'on aurait pu choisir l'une de ces échelles, et amener dans son plan toutes les autres verticales, ainsi que nous l'avons fait dans celui de l'échelle construite hors des limites du tableau ; mais il y aurait toujours eu une confusion qui augmenterait à proportion que le nombre des verticales dont on aurait à déterminer les hauteurs, serait plus grand.

Nous terminerons cette leçon par le résumé du tracé qui en fait l'objet, afin de présenter ce tracé dégagé des démonstrations qui pourraient empêcher d'en saisir l'ensemble, et de le fixer aussi facilement dans sa mémoire.

Résumé du tracé de la perspective d'une verticale.

Fig. 1, Pl. B.

1° Du point *g*, projection horizontale de la verticale, menez à la ligne de terre *d-c*, la perpendiculaire *g-k*.

2° Du même point *g*, menez à la même ligne la diagonale *g-l*.

3° Du point *k*, menez au point de vue *f* la fuyante *k-f*.

4° Du point *l* au point de distance *m*, tracez la fuyante *l-m*.

Résultat.

Le point *n* d'intersection des deux fuyantes sera la perspective du point *g*.

5° Du point *n*, tracez parallèlement aux côtés verticaux du tableau la ligne indéfinie *n-o*.

Résultat.

La verticale aura son apparence sur cette ligne.

6° Du point *k*, élevez la verticale *k-p*, et du point *l*, celle *l-v*.

Résultat.

Ces verticales seront les sections du tableau par deux plans qui couperont aussi le terrain, l'un suivant *k-f*, et l'autre suivant *l-m*.

7° Portez les hauteurs *h'-r* et *h'-i* des deux points extrêmes de la verticale *r-i*, de *k* en *q*, et de *k* en *s* sur la section du tableau par le premier plan, ou de *l* en *x* et de *l* en *z* sur la section du tableau par le second plan.

8° Des points *q* et *s*, ou de ceux *x* et *z*, menez les fuyantes *q-f* et *s-f* au point de vue *f*, ou celles *x-m* et *z-m* au point de distance *m*.

Résultat.

Les unes et les autres de ces fuyantes couperont la ligne *n-o* en deux points *t* et *u*, perspective des deux points extrêmes de la verticale dont l'apparence entière sera la ligne *t-u*.

Chacun de ces plans forme, au moyen des fuyantes tracées dedans, une échelle de dégradation, dont la fuyante *k-f* ou celle *l-m* forme la base.

Quand la section du tableau par le plan de l'échelle est trop près du point évanouissant, on peut former l'échelle dans le plan du terrain, en considérant la ligne de terre *d-c* comme section du tableau, portant les hauteurs *h-r* et *h-i* de *k* en 3 et de *k* en 4, et menant les fuyantes 3-*f* et 4-*f*; mais alors du point *n* on mène l'horizontale *f*-2 parallèlement à la ligne de terre, et les points 6, 5, où cette horizontale est coupée par les fuyantes, fixent entre eux la longueur 6-5 de la verticale, que l'on remet dans sa véritable position en prenant les longueurs n-6 et n-5, et les portant de n en t et de n en u'.

Une seule de ces échelles suffit ; deux ne feraient que prouver la justesse de l'opération faite au moyen de l'une par la similitude du résultat obtenu par l'autre. On a vu qu'il y avait avantage à se servir d'une échelle construite hors des limites du tableau.

3ᵉ LEÇON,

*Tracé de la perspective des lignes horizontales pa-
rallèles au tableau, et des lignes parallèles au
tableau mais inclinées par rapport au plan du
terrain, formant la seconde et la troisième division
de la première classe des lignes.*

L'on pourrait regarder ce qui a été enseigné dans la leçon
précédente, comme l'ayant été prématurément ; cependant
si l'on fait attention à l'enchaînement des vérités géométri-
ques que l'on considère en perspective, on reconnaîtra
qu'en enseignant à mettre un point en perspective, il fallait
parler des fuyantes dont les intersections déterminent la
situation du point, bien que ces lignes appartinssent à la
seconde classe ; que le point situé dans le plan du terrain
peut être déterminé ainsi ; mais que, dans quelque autre
position qu'il se trouve hors de ce plan, il faut l'y attacher
par des lignes de projection qui sont des verticales, dont il
faut déterminer les points extrêmes avec l'aide d'une échelle
de dégradation ; que ces points extrêmes peuvent aussi ap-
partenir à toutes autres lignes limitant des surfaces, dont
les traces perspectives se trouvent ainsi déterminées en traçant ces lignes de l'un à l'autre de ces points, etc...... Nous
avions d'ailleurs observé qu'en suivant une marche trop
lente dans l'enseignement, les premières idées reçues se re-
froidissaient, restaient souvent incomplètes, étant privées
de cette liaison qu'elles doivent avoir entre elles ; que l'on
produisait plus de clarté et que l'on gagnait du temps en
présentant l'ensemble d'une opération au lieu de détails iso-
lés, et qu'enfin il valait mieux avancer d'un pas rapide vers
le but que d'en approcher avec incertitude et timidité.

Au reste, nous sommes persuadé (et l'expérience a établi
notre conviction) que l'on peut facilement comprendre ce
qui a été exposé jusqu'ici en deux leçons ; et l'on pourrait

dire que les seuls moyens que nous avons indiqués suffiraient pour tracer la perspective de tous les objets, si l'on sait bien construire leurs projections horizontales et verticales. Cette leçon et la suivante confirmeront ce que nous avançons, puisque nous n'emploierons que les moyens déjà connus pour la solution des cas dont nous avons à nous occuper, en leur donnant quelques développements qu'exigeront les différentes espèces de lignes.

Tracé de la perspective d'une ligne horizontale parallèle au tableau.

Soient f-g la ligne d'horizon, e le point de vue, h et i les deux points de distance, et a-b la projection horizontale de la ligne à mettre en perspective. *Fig. 4, Pl. A.*

Mettons l'un ou l'autre des points extrêmes de cette projection, en perspective (le point a, par exemple) : pour cela, menons à la ligne de terre k-ν, prolongée, la perpendiculaire a-k, puis, du même point a, la diagonale a-r; des points k et r de rencontre de la perpendiculaire et de la diagonale avec le tableau, menons au point de vue la fuyante k-e, et au point de distance celle r-h: le point m d'intersection des deux fuyantes sera la perspective du point a de la ligne a-b. Cette ligne est horizontale et parallèle au tableau ; elle aura donc son apparence suivant une ligne parallèle aux côtés horizontaux du tableau. Du point m traçons la ligne m-n parallèlement à la ligne de terre, et nous n'aurons plus qu'à fixer sur cette ligne, l'apparence du point b, qui est le second point extrême de la projection horizontale a-b.

Du point b menons à la ligne de terre la perpendiculaire b-l; du point l de rencontre de la perpendiculaire et de la ligne de terre, menons au point de vue e la fuyante l-e, et le point n d'intersection de la fuyante et de la parallèle m-n sera la trace perspective du point b.

On voit qu'ici il était superflu de tracer la diagonale y-h, parce que la parallèle m-n contenant l'apparence du point b de la projection horizontale a-b, et la fuyante l-e la con-

3

tenant aussi, ce point se trouve déterminé par l'intersection de ces deux lignes.

L'on sait que la projection d'un point quelconque sur un plan est le point de rencontre de ce plan par la perpendiculaire qui lui est menée du point dont on veut avoir la projection; l'on sait encore que ces perpendiculaires sont nommées *projectantes;* et qu'enfin toute projectante menée au plan horizontal de projection est une verticale, comme toute projectante menée au plan vertical de projection est une horizontale.

Les points m et n étant les points perspectifs des points a et b de la projection horizontale de la ligne dans l'espace, sont donc aussi des points projectifs des deux projectantes qui ont fixé les projections a et b des deux extrémités de la ligne; et puisque nous venons de dire que toute projectante menée d'un point au plan horizontal de projection était une verticale, si des points m et n nous menons parallèlement aux côtés verticaux du tableau, les verticales m-c et n-d, ces verticales contiendront évidemment les apparences des points extrêmes de la ligne dans l'espace; et pour les y fixer nous n'aurons plus qu'à former l'échelle de dégradation, soit sur la fuyante k-e, que nous considérerons comme la base de cette échelle ou section du terrain par son plan, et la perpendiculaire k-o comme la section du tableau par ce plan, soit sur la fuyante t-i ou l-e, etc.

Prenant ensuite la hauteur z-x de l'un des points extrêmes de l'horizontale dans l'espace, au-dessus du terrain, et la portant de k en n', ou de t en u, ou de l en p', sur la section du tableau par le plan de l'échelle que l'on aura choisie, et menant des points n', u ou p', les fuyantes n'-e, u-i ou p'-e, l'une ou l'autre de ces fuyantes coupera les verticales m-c et n-d en un même point c ou d, et la ligne c-d menée de l'un à l'autre de ces points sera la perspective de la ligne dans l'espace.

Comme cette ligne est une horizontale, l'on voit bien qu'un seul point, celui c ou celui d, suffit : car alors on a un point de la ligne et sa direction qui doit être parallèle aux côtés horizontaux du tableau; de plus, les verticales m-c et n-d contiennent chacune l'apparence d'un point extrême de la ligne ; et si c'est le point *c* que l'on a déterminé, le second point extrême se trouvera à la rencontre de l'horizontale *c - d* menée de ce point et de la verticale *n-d* ; si c'est le point *d* que l'on a obtenu d'abord, le second point sera le point *c* de rencontre de l'horizontale menée du point *d* et de la verticale *m-c*.

Tracé de la perspective d'une ligne parallèle au tableau, mais inclinée par rapport au terrain.

Soient *d-e* la ligne d'horizon, *c* le point de vue, *d* l'un des points de distance, *g-f* la ligne de terre, *a-b* la projection horizontale de la ligne parallèle au tableau, mais inclinée par rapport au terrain, et *x-t* la projection verticale de cette ligne. Fig. 5, Pl. A.

L'on voit bien que, pour obtenir la trace perspective de cette ligne, il suffit, comme dans le précédent tracé, de déterminer celle de chacun des points extrêmes *x* et *t*, dont les projections horizontales sont les points *a* et *b*. La seule différence entre les deux tracés est que, dans le précédent, les deux points extrêmes de la ligne étaient à une hauteur égale au-dessus du terrain, puisque cette ligne était horizontale ; et que, dans celui-ci, l'extrémité *t* de la ligne est plus élevée que celle *x*, et qu'il faut par conséquent déterminer les hauteurs des deux projectantes *v-x* et *u-t*, au lieu d'une seule que l'on avait à fixer dans le premier cas ; ce qui ne change en rien l'opération.

Par les points *a* et *b*, projections horizontales des points *x* et *t* dans l'espace, menons à la ligne de terre *g-f* les perpendiculaires *a-g* et *b-l* ; des points *g* et *l* menons au point de vue *c* les fuyantes *g-c* et *l-c* : les perpendiculaires *a-g* et *b-l* auront leurs traces perspectives suivant ces deux fuyantes, lesquelles traces contiendront celles des points *a* et *b*.

Du point *b* menons la diagonale *b-f*, et du point *f* de rencontre de cette diagonale avec le tableau, menons au point de distance *d* la fuyante *f-d*, suivant laquelle la diagonale *b-f* aura sa trace perspective. Cette fuyante contiendra aussi l'apparence du point *b*, laquelle apparence sera le point *o* d'intersection de la fuyante *l-c* et de celle *f-d*.

Puisque la projection horizontale a-b est parallèle au tableau, du point o, perspective du point b, si nous menons parallèlement à la ligne de terre g-f la ligne o-t', cette ligne contiendra l'apparence du point a, et cette apparence sera le point i d'intersection de la parallèle o-t' et de la fuyante g-c, laquelle fuyante contient aussi l'apparence du même point a; ainsi la ligne o-i sera la trace perspective de la projection a-b de la ligne x-t.

Mais les points perspectifs o et i appartiennent aussi à l'apparence des deux projectantes dont les projections verticales sont t-u et x-v : menons donc des points o et i parallèlement aux côtés verticaux du tableau, les lignes o-r et i-p, sur lesquelles nous déterminerons les apparences des points t et x de la ligne dans l'espace.

Ces points t et x sont les extrémités de la ligne, et peuvent avoir ici leurs apparences dans l'étendue du tableau. Cette raison nous les a fait choisir, et aussi parce qu'en même temps nous fixons et les limites et la direction de la trace perspective de la ligne t-x. Cependant il pourrait se faire que sa longueur fût telle que ni l'un ni l'autre de ses points extrêmes n'eût son apparence dans les limites du tableau, et même que cette apparence dût se trouver dans le prolongement du plan du tableau à une distance si éloignée qu'il ne fût pas facile de l'y fixer. Dans ce cas, l'on sent bien qu'il faudrait choisir deux points quelconques de la ligne convenablement rapprochés, ce qui reviendrait au même.

La fuyante l-c se trouve confondue ici avec la verticale l-r passant par le point de vue; et bien qu'elle contienne le point o perspective du point b, nous ne pourrions cependant construire sur cette fuyante, comme base, une échelle de dégradation verticale, puisque toutes les lignes menées dans le plan de cette échelle auraient leurs apparences suivant la seule ligne l-r. Mais nous avons dit qu'il était indifférent de renverser cette échelle sur le plan du terrain, et nous allons opérer ainsi, afin de produire un second exemple de cette manière d'opérer.

Si nous supposons que la section du tableau ait tourné

avec le plan de l'échelle pour s'abattre sur le terrain, elle sera venue, de la position *l-r* qu'elle occupait, se confondre avec la ligne de terre *l-g*, puisque le mouvement de rotation du plan de l'échelle s'est fait sur la fuyante *l-c*, considérée comme charnière.

La verticale *o-r*, suivant laquelle la projectante *t-u* a son apparence, sera confondue avec l'horizontale *o-i*; et si nous portons la distance *u-t* du point *t* au-dessus de l'horizon, sur la ligne de section abattue sur le terrain, de *l* en *h*, puis la hauteur *v-x* du point *x*, de *l* en *k*; que des points *h* et *k* nous menions les fuyantes *h-c* et *k-c*, ces fuyantes couperont la verticale *o-i* abattue sur le terrain, aux points *m* et *n*. La distance *o-m* exprimera donc la hauteur perspective du point *t*, comme la distance *o-n* exprimera la hauteur du point *x* au-dessus du terrain.

Portons maintenant la distance *o-m* de *o* en *q*, et la distance *o-n* de *i* en *p*; par les points *q* et *p* menons la ligne *q-p*: cette ligne sera la trace perspective de la ligne inclinée *t-x*. L'on voit que l'on aurait obtenu les mêmes résultats, si l'on avait construit une échelle de dégradation dont la base eût été la fuyante *f-d* ou celle *g-c*.

Résumé du tracé de la perspective d'une ligne horizontale.

Fig. 4, Pl. A.

Des points *a* et *b*, projections horizontales des points extrêmes de la ligne dans l'espace, menez à la ligne de terre les perpendiculaires *a-k* et *b-l*.

Des points de rencontre *k* et *l*, menez au point de vue *e* les fuyantes *k-e* et *l-e*.

Des points *a* et *b*, tracez les diagonales *a r* et *b-y*.

Des points de rencontre *r* et *y*, menez au point de distance *h* les fuyantes *r-h* et *y-h*, ou des points *t* et *s* au point de distance *q* (ce qui revient au même) les fuyantes *l-q* et *s-q*.

Résultat.

Les points *m* et *n* d'intersection de ces fuyantes seront les traces perspectives des points *a* et *b*.

Du point m au point n tracez la ligne m-n.

Résultat

Cette ligne sera la trace perspective de la ligne a-b, projection horizontale de la ligne dans l'espace.

Des points m et n, élevez les lignes indéfinies m-c et n-d parallèles aux côtés verticaux du tableau.

Résultat.

Ces lignes contiendront les apparences des deux projectantes menées des deux extrémités de l'horizontale au plan du terrain.

Des points k et l de rencontre, ou même d'un seul de ces deux points, élevez les verticales k-o ou l-q.

Résultat.

Ces verticales seront les sections du tableau par les plans des échelles de dégradation, dont les bases ou la section du terrain par ces mêmes plans seraient les fuyantes k-e et l-e.

Portez sur la verticale k-o, ou sur celle l-q, la hauteur z-x de l'un des points extrêmes de la ligne au-dessus du terrain, de k en n' ou de l en p'.

Des points n ou p', menez au point de vue e les fuyantes n-e ou p'-e.

Du point c ou de celui d, tracez, parallèlement aux côtés horizontaux du tableau, la ligne d-c.

Résultat.

Les points c et d, de rencontre de cette parallèle et des verticales m-c et n-d, seront les traces perspectives des deux points extrêmes de l'horizontale, dont on cherche la perspective; et la ligne c d tracée de l'un à l'autre de ces points sera la perspective cherchée.

Résumé du tracé de la perspective d'une ligne pa- Fig. 5, Pl. A.
rallèle au tableau, mais inclinée par rapport au
terrain.

Des points a et b de la ligne a-b, projection horizontale
de la ligne x-t dans l'espace, menez à la ligne de terre g-f
les perpendiculaires a-g et b-l.

Des points de rencontre g et l au point de vue c, les
fuyantes g-c et l-c.

Du point b, tracez la diagonale b-f.

Du point de rencontre f au point de distance d, la fuyante
f-d.

Du point o de section des deux fuyantes l-c et f-d, menez la parallèle o-i à la ligne de terre g-f.

Résultat.

Le point i de section de la fuyante g-c par cette parallèle
sera la perspective du point a de la projection horizontale
a-b; le point o de section de la fuyante l-c par celle f-d,
sera la perspective du point b, et la ligne o-i sera la trace
perspective de la projection horizontale a-b.

Prenez la hauteur u-t du point t de la ligne dans l'espace, et portez-la de l en h sur la ligne de terre, puis la distance v-x de l en k.

Des points h et k, menez au point de vue c les fuyantes
h-c et k-c.

Résultat.

La verticale o-r, abattue sur le terrain et confondue avec
la parallèle o-i, sera coupée par les deux fuyantes h-c et k-c
aux points m et n, proportionnellement à son éloignement
du tableau, en sorte que la hauteur u-t du point t de la
ligne sera réduite à la dimension $o-m$, et celle $v-x$ à la
dimension o-n.

Portez la distance $o-m$ de o en q sur la verticale $o-r$, et
la distance o-n de i en p sur la verticale i-p.

Du point p au point q, tracez la ligne p-q.

Résultat.

Cette ligne sera la perspective de la ligne inclinée x-t.

Observation.

On aurait pu déterminer de même les points q et p, et par conséquent l'apparence p-q de la ligne, en formant l'échelle de dégradation dans un plan vertical passant par la fuyante f-d, ainsi que le démontre la simple inspection de la figure.

4ᵉ LEÇON.

—

*Tracé de la perspective des fuyantes composant
la seconde classe des lignes.*

Nous avons dit que l'on appelait fuyante toute ligne
dont la direction était telle, qu'étant prolongée, l'une de
ses extrémités rencontrait le tableau, tandis que l'autre
extrémité s'en éloignait d'autant plus que le prolongement
de ce côté était plus considérable.

Nous avons démontré que ces lignes, d'après les lois naturelles de la vision, devaient avoir leurs apparences dans
le tableau, suivant des lignes tracées de leurs points de rencontre avec le tableau, à un point où la parallèle menée de
l'œil du spectateur à ces lignes rencontrait le plan du tableau, lequel point était appelé *point évanouissant.*

Pour mettre à même d'opérer le tracé de la perspective
de ces lignes, il faut donc indiquer les moyens de déterminer ces deux points, savoir, le *point de rencontre* et le
point évanouissant.

*Tracé de la perspective d'une fuyante horizontale,
comprise dans la première division de la seconde
classe.*

Soient a-b la projection horizontale de la fuyante, s-t, ^{Fig. 7, Pl. A.}
sa projection verticale, c, le point de vue, r et e, les deux
points de distance, m-v, la ligne de terre, et r', l'œil du
spectateur confondu avec le plan de l'horizon et celui du
tableau, dans le plan du terrain.

Si par la fuyante s-t, occupant la position qu'elle doit
avoir dans l'espace, nous faisions passer un plan vertical,
ce plan contiendrait : 1° la fuyante, 2° les projectantes
abaissées des deux extrémités de la fuyante dans l'espace,
sur le terrain, pour déterminer sa projection horizontale
a-b qu'il contiendrait aussi. Ce plan couperait le terrain

suivant la ligne $a\text{-}p$, et le tableau suivant la perpendiculaire $p\text{-}l$, menée du point p à la ligne de terre $m\text{-}v$.

Toute ligne indéfinie, horizontale ou inclinée, menée dans ce plan, rencontrerait le tableau sur sa section $p\text{-}l$ par le plan vertical. Tous les points d'une ligne horizontale étant à une même hauteur au-dessus du terrain qui est un plan horizontal, si nous prenons la hauteur $u\text{-}s$, commune à tous les points de la fuyante horizontale $s\text{-}t$, et que nous portions cette hauteur de p en k sur la section $p\text{-}l$ du tableau par le plan vertical contenant la fuyante horizontale, le point k sera le point de rencontre du tableau par cette fuyante.

Dégageant cette opération de sa démonstration, nous dirons que pour déterminer le point de rencontre du tableau par une fuyante horizontale, il faut : 1° prolonger sa projection horizontale, comme celle $a\text{-}b$, jusqu'à sa rencontre p avec la ligne de terre ; 2° de ce point de rencontre p, élever la verticale $p\text{-}l$; 3° prendre la hauteur $s\text{-}u$ commune à tous ses points au-dessus du terrain, et porter cette hauteur de p en k sur la verticale $p\text{-}l$: le point k sera le point de rencontre cherché.

Nous avons démontré que le plan de l'horizon dans lequel se trouvait l'œil du spectateur, celui du tableau où est tracée la ligne d'horizon ou de section de ce plan par le premier, les points de vue c et de distance d et e étant confondus avec le plan du terrain sur lequel est tracée la projection horizontale $a\text{-}b$, de la fuyante ; les lignes tracées dans ces plans ainsi réunis avaient entre elles, et par rapport aux points où elles étaient dirigées, les mêmes rapports que ceux qu'elles avaient avant le mouvement de ces plans, et lorsqu'ils occupaient dans l'espace leurs positions respectives.

Cette vérité reconnue, puisque le point évanouissant d'une fuyante quelconque est celui de la rencontre du tableau par une ligne menée de l'œil du spectateur parallèlement à la fuyante ; du point r', œil du spectateur, menons à la projection horizontale $a\text{-}b$ de la fuyante, la parallèle $r'\text{-}d$: cette parallèle le sera également à la fuyante elle-même, puisqu'une fuyante horizontale est parallèle à sa projection horizontale ; le point d, de rencontre de la ligne d'horizon par la parallèle $r\text{-}d$, sera donc le point évanouissant de la fuyante, comme il est aussi celui de sa projection $a\text{-}b$.

Puisque toute ligne horizontale ne peut qu'être parallèle à sa projection horizontale, la ligne menée de l'œil parallèlement à l'une doit d'abord être parallèle à l'autre, puis horizontale elle-même, comprise par conséquent dans le plan de l'horizon, et ne pouvoir rencontrer le tableau que sur la ligne d'horizon. D'où l'on voit que *toute fuyante horizontale ne peut avoir son point évanouissant que sur l'horizon*, et que *toutes fuyantes parallèles entre elles ne peuvent avoir qu'un seul et même point évanouissant;* car de l'œil r' du spectateur on ne peut mener qu'une seule parallèle à toutes ces fuyantes.

Si donc du point de rencontre k, déterminé en premier lieu, au point évanouissant d, nous menons la ligne $k\text{-}d$, la fuyante horizontale aura son apparence dans le tableau suivant cette ligne, comme la projection $a\text{-}b$ aura la sienne suivant la ligne $p\text{-}d$ tracée de son point de rencontre p au même point évanouissant d.

Pour fixer sur cette ligne les apparences des limites de la projection $a\text{-}b$, des extrémités a et b menons à la ligne de terre les perpendiculaires $a\text{-}q$ et $b\text{-}o$; puis, des points de rencontre q et o, les fuyantes $q\text{-}c$ et $o\text{-}c$: ces fuyantes, ainsi que celle $p\text{-}d$, devant contenir les apparences des points a et b, elles se trouveront aux points f et g d'intersection de ces lignes, et la portion $f\text{-}g$ de la fuyante $p\text{-}d$ sera l'apparence entière de la projection $a\text{-}b$.

Si des points f et g nous élevons les verticales $f\text{-}h$ et $g\text{-}i$, traces perspectives des projectantes des points extrêmes de la fuyante, les points h et i d'intersection de ces traces et de la fuyante $k\text{-}d$ seront les apparences de ces points extrêmes, et la portion $h\text{-}i$ de la fuyante $k\text{-}d$ sera la perspective entière de la fuyante.

Voilà comme on procède régulièrement à la détermination du point de rencontre et du point évanouissant d'une fuyante horizontale ; cependant on va voir que l'on peut les déterminer avec plus de facilité, de promptitude, et non moins de précision.

Si nous eussions mis d'abord en perspective la projection horizontale $a-b$ de la fuyante, en traçant les perpendiculaires $a-q$ et $b-o$, puis les diagonales $a-m$ et $b-n$, ensuite les fuyantes $q-c$ et $o-c$ dirigées au point de vue, et celles $m-e$ et $n-e$ dirigées au point de distance, nous eussions également obtenu par leurs intersections les points perspectifs f et g, et la trace perspective $f-g$ de la projection $a-b$ de la fuyante.

La théorie nous avait fait connaître que cette fuyante étant horizontale, devait avoir son point évanouissant sur l'horizon, et être parallèle à sa projection; nous savions encore que deux parallèles concourent au même point évanouissant : donc, en prolongeant la trace perspective $f-g$ de g en p, point de sa rencontre avec le tableau, et de f en d, point où elle rencontre l'horizon, nous eussions eu de même ce point évanouissant d, commun à la fuyante $p-d$ contenant l'apparence de la projection horizontale $a-b$, et à celle qui doit contenir l'apparence de la fuyante dans l'espace.

Du point p de rencontre du tableau, élevant la verticale $p-l$, et portant sur cette verticale la hauteur $u-s$ de p en k, nous eussions eu le point de rencontre du tableau par la fuyante dans l'espace; nous avons reconnu que le point d était son point évanouissant : du point k au point d nous eussions tracé la fuyante $k-d$, dont les points h et i de sa section par les verticales élevées des points f et g eussent déterminé la portion $h-i$ de cette ligne, laquelle portion forme l'apparence de la fuyante dans l'espace.

Si l'on objecte que le peu d'étendue en longueur de la ligne $f-g$ aurait pu mettre quelque incertitude dans la direction de ses prolongements, nous ferons remarquer que l'on aurait pu prolonger la projection $a-b$, déjà plus longue que sa perspective, et choisir sur cette ligne prolongée deux points plus éloignés que ceux a et b. D'ailleurs le point p de rencontre du tableau par le prolongement de $a-b$ devant être le même que celui que l'on obtiendrait par le prolongement de *f*-*g*, offre un moyen de vérifier la direction de cette dernière.

Tracé de la perspective d'une fuyante formant un angle quelconque avec le tableau, et aussi un angle quelconque avec le terrain, comprise dans la seconde division de la seconde classe des lignes.

Fig. 8, Pl. A.

Nous avons dû comprendre ces deux tracés dans la même leçon, car l'on verra qu'ils ont un tel rapport entre eux, qu'il n'était pas possible de les séparer sans nuire à leur intelligence, et se priver des développements qu'ils se prêtent.

Soient *a* et *b* la projection horizontale de la fuyante, 9-10 sa projection verticale sur un plan parallèle à elle-même, *d*-*e* la ligne d'horizon, *c* le point de vue, *d* et *e* les points de distance, et 6 l'œil du spectateur.

L'on a vu qu'avec l'aide de la supposition que nous avions faite d'un plan vertical passant par la fuyante horizontale, et les conséquences que nous avions tirées de la nature de cette ligne, nous avions facilement déterminé son point de rencontre avec le tableau. La détermination des points de rencontre de cette seconde et dernière division des fuyantes présente quelques difficultés que nous lèverons facilement, si l'on veut bien prendre la peine de suivre notre raisonnement.

Pour déterminer la rencontre du tableau par une fuyante horizontale, il n'a pas été nécessaire de tracer cette fuyante dans le plan vertical supposé qui devait la contenir ; car nous savions que tous les points de cette ligne étaient à la même hauteur au-dessus du plan horizontal de projection qui est celui du terrain ; nous savions que cette hauteur était exprimée par une seule projectante de l'un des points de la ligne sur le plan vertical de projection, et qu'il n'y avait autre chose à faire que de prendre la hauteur de cette projectante et de la porter sur la section du tableau par le plan contenant la fuyante horizontale ; mais ici l'on sent bien que la fuyante étant inclinée par rapport au terrain, tous les points

de cette fuyante sont à des hauteurs différentes, proportion-
nées à leur éloignement du tableau, et à l'inclinaison de la
ligne, qui ne rencontrera le tableau sur sa section par le
plan qui la contient, qu'au-dessus ou au-dessous de la ligne
de terre, suivant l'éloignement de cette fuyante, de la surface du tableau, son inclinaison par rapport au terrain, et
la longueur de son prolongement.

Supposons donc, ainsi que nous l'avons fait pour la
fuyante horizontale, un plan vertical qui passerait par la
fuyante inclinée : ce plan contiendrait cette fuyante ; et sa
projection horizontale a-b couperait le terrain suivant la
ligne o-b, et le tableau suivant celle o-s.

Imaginons que ce plan, tournant sur la ligne o-b, s'a-
batte sur celui du terrain, entraînant dans son mouvement
la ligne de section o-s, et toutes les projectantes qui pourraient être menées de la fuyante dans l'espace, sur le terrain,
lesquelles projectantes auraient déterminé la projection
horizontale a-b : chacun des points de ce plan, pendant
ce mouvement, décrira, comme l'on sait, des quarts de
cercle dans des plans perpendiculaires à a - b prolongée
jusqu'en o.

Des points o, a et b, élevons à la trace o-b de la section
du terrain, par le plan vertical supposé, les perpendicu-
laires indéfinies o-p, a-q et b-r : celle o-p sera la ligne de
section o-s du tableau dans le plan abattu sur le terrain ; et
celles a-q et b-r seront les projectantes menées des deux
extrémités de la fuyante inclinée, et qui ont déterminé sa
projection horizontale a-b. Portons sur celle a-q, de a en q,
la hauteur 7-9 de l'extrémité 9 de la fuyante inclinée au-
dessus du terrain ; puis sur celle b-r la hauteur 8-10 de b
en r, de l'autre extrémité de cette ligne. Du point r au point
q traçons la ligne r-q : elle sera la trace de la fuyante
même dans le plan vertical couché sur le terrain. Prolongeons cette trace de q en p, où elle rencontre la ligne
o-p de section du tableau par ce plan : o-p exprimera
la hauteur où cette section est rencontrée par le prolongement de la fuyante ; et si nous portons cette hauteur de
o en t sur la ligne de section o-s dans sa véritable posi-

tion sur la surface du tableau, le point t sera le point de rencontre du plan du tableau par la fuyante.

Bien que la fuyante soit inclinée, sa projection b-a ne cessera pas pour cela d'être une fuyante horizontale, dont le point de rencontre avec le tableau est le point o, où son prolongement a-o rencontre la ligne de terre, et dont le point évanouissant doit se trouver sur la ligne d'horizon au point u, où la parallèle 6-u menée de l'œil 6 du spectateur à cette fuyante rencontre l'horizon : si donc, du point de rencontre o au point évanouissant u, nous menons la ligne o-u, la projection horizontale a-b de la fuyante inclinée aura son apparence sur cette ligne.

Des points a et b menons à la ligne de terre f-g les perpendiculaires a-v et b-y; des points de rencontre v et y au point de vue c, les fuyantes v-c et y-c : la partie h-i de la ligne o-u, comprise entre les deux points h et i de la section de la fuyante o-u par celles v-c et y-c, sera la trace perspective de la projection horizontale a-b de la fuyante inclinée.

Nous avons vu que le point évanouissant de toute fuyante inclinée par rapport au tableau et par rapport au terrain, devait se trouver sur une verticale passant par le point évanouissant de sa projection horizontale : ce point évanouissant est ici le point u; et si par ce point nous faisons passer la verticale 13-y, le point évanouissant de la fuyante inclinée, dont a-b est la projection horizontale, sera situé sur cette verticale.

Pour fixer sa position sur cette verticale, il faut mener de l'œil 6 une parallèle à la fuyante même; mais cette fuyante étant dans le plan vertical projeté en o-b sur le plan du terrain, et l'œil 6 dans un autre plan vertical parallèle au premier, et projeté sur le plan du terrain et sur celui de l'horizon suivant la parallèle 6-u menée à la projection a-b, ces deux plans sont inclinés par rapport au tableau; il faut donc les ramener tous deux dans le plan du tableau pour pouvoir d'abord tracer la fuyante dans le plan vertical qui la contient, étant recouché sur le tableau; ensuite tracer, dans le plan qui contient l'œil, la parallèle à la fuyante.

L'on remarquera que pour exécuter ces mouvements et placer l'œil du spectateur dans une position telle que nous puissions mener de cet œil une parallèle à la fuyante, il ne faut plus le considérer comme étant placé dans le plan de l'horizon, mais bien, comme nous venons de le dire, dans un plan vertical parallèle à celui qui contient la fuyante, lequel plan vertical coupera le plan du tableau suivant la verticale 13-y parallèle à la section o-6 du tableau par le plan qui contient la fuyante.

Supposons donc que ces deux plans tournent, l'un sur la section o-s comme charnière, et l'autre sur la section 13-y pour s'appliquer sur le tableau : les points a et b du premier, pieds des projectantes a-q et b-r, décriront les arcs de cercle a-2 et b-3 ; et si sur la verticale 2-m élevée du point 2, et sur celle 3-n élevée du point 3, nous portons les hauteurs a-q et b-r de 2 en m et de 3 en n, la ligne m-n, tracée de l'un à l'autre de ces points, sera la fuyante placée dans le plan du tableau ; l'œil 6 du spectateur décrira l'arc de cercle 6-z, et sera placé également au point z dans le plan du tableau, confondu alors avec les deux plans verticaux que nous avons supposé, l'un passer par la fuyante inclinée, et l'autre par l'œil du spectateur.

Si donc maintenant, du point z, nous menons à la fuyante m-n la parallèle z-y, le point y où cette parallèle rencontrera la verticale 13-y sera le point évanouissant de la fuyante inclinée, dont la trace perspective se trouvera suivant la ligne t-y tracée du point de rencontre t au point évanouissant y, depuis le point l jusqu'au point k, où viennent aboutir les verticales h-l et i-k, élevées des points h et i, extrémités de la ligne h-i, trace perspective de sa projection.

Voulons-nous être assurés de l'exactitude de cette opération ? Considérons la fuyante o-u comme la base d'une échelle de dégradation, et la verticale o-s comme la section du tableau par le plan de cette échelle ; portons sur cette section les hauteurs 8-10 et 7-9 des points extrêmes de la fuyante, de o en 4 et de o en 5 ; des points 4 et 5 menons au point évanouissant u les fuyantes 4-u et 5-u, et les intersections de ces fuyantes avec la ligne t-y et avec les verticales *h-l* et *i-k* nous donneront également les points *l* et *k* pour extrémités de la fuyante.

Nous croyons avoir démontré jusqu'à l'évidence, dans le tracé précédent, que l'on pouvait déterminer le point de rencontre et le point évanouissant d'une fuyante horizontale, sans recourir aux suppositions de plans et aux mouvements que nous leur avons fait exécuter en opérant par points, ainsi que nous l'avons fait pour les lignes de la première classe. Il en serait de même pour la fuyante inclinée; car, puisque nous savons que le point évanouissant des fuyantes de cette nature doit se trouver sur la verticale passant par le point évanouissant de leur projection horizontale, et leurs points de rencontre avec le tableau, sur les lignes de sections de son plan par les plans qui contiennent les fuyantes, les traces perspectives des fuyantes et de leurs projections horizontales étant déterminées à l'aide de deux points de chacune de ces lignes, mis en perspective, leurs prolongements donneront sur l'horizon, sur la ligne de terre et sur les verticales, les points de rencontre et les points évanouissants cherchés, ainsi que le prouvent les deux tracés que nous venons de décrire.

Nous avons cru nécessaire de donner ces moyens, parce qu'ils nous paraissaient développer les principes du tracé de la perspective des fuyantes; mais nous observerons qu'entre deux manières d'opérer, on doit choisir celle qui exige le moins de combinaisons d'idées dans lesquelles on est plus exposé à commettre des erreurs, qui fait gagner du temps, et se fixe plus facilement dans la mémoire : aussi sommes-nous persuadé que, bien que l'on reconnaisse que le premier moyen soit plus stéréotomique et plus élégant, on n'hésitera pas à adopter le second, que nous reproduirons seul dans les résumés suivants.

Résumé du tracé de la perspective d'une fuyante horizontale.

Soient *a - b* la projection horizontale de la fuyante, *s - t* Fig. 7, Pl. A. sa projection verticale sur un plan parallèle à elle-même, *d-e* l'horizon, *c* le point de vue, *r* et *e* les points de distance, et *m-s* la ligne de terre.

Des points *a* et *b*, menez à la ligne de terre *m-s* les perpendiculaires *a-q* et *b-o*.

Des points *q* et *o*, menez au point de vue *c* les fuyantes *q-c* et *o-c*.

Des points *a* et *b*, tracez les diagonales *a-m* et *b-n*.

Des points de rencontre *m* et *n*, menez au point de distance *e* les fuyantes *m-e* et *n-e*.

Résultat.

Les points *f* et *g* d'intersection des traces perspectives des fuyantes seront les apparences des points *a* et *b*.

Du point *f* au point *g*, tracez la ligne *f-g*.

Résultat.

Cette ligne sera la perspective de la projection horizontale *a-b*.

Prolongez la trace perspective *f-g* de *g* en *p*, jusqu'à sa rencontre avec la ligne de terre *m-s*, et de *f* en *d*, jusqu'à sa rencontre avec la ligne d'horizon *r-e*.

Résultat.

p sera le point de rencontre du tableau par la projection *a-b* prolongée, et *d* son point évanouissant.

Du point *p* de rencontre du tableau, élevez la verticale *p-l*.

Portez sur cette verticale la hauteur *u-s* des points de la fuyante horizontale, au-dessus du terrain, de *s* en *k*.

Résultat.

Ce point *k* sera le point de rencontre du tableau par la fuyante.

Cette fuyante étant parallèle à sa projection horizontale, aura le même point évanouissant.

Du point *k* au point *d*, tracez la ligne *k-d*.

Résultat.

La fuyante aura son apparence sur cette ligne.

Des points *f* et *g*, élevez indéfiniment les verticales *f-h* et *g-i*.

Résultat.

Les points *h* et *i* d'intersection de la ligne *k-d* et des verticales seront les points perspectifs des extrémités de la fuyante horizontale ; et la ligne *h-i*, comprise entre ces points, sera son apparence ou sa trace perspective sur le tableau.

REMARQUE.

Considérons la fuyante *p-d* comme la base d'une échelle de dégradation, la verticale *p-l* comme la section du tableau par le plan de cette échelle : ce plan contiendra les deux projectantes *f-h* et *g-i*, puisque les points *f* et *g* de ces deux projectantes sont compris dans sa base *p-d* dont ils font partie ; et puisque tous les points de la fuyante horizontale sont à une même hauteur *k* au-dessus du terrain, la fuyante *k-d*, qui est aussi horizontale, les contiendra tous, et par conséquent contiendra l'apparence de la ligne entière, dont les extrémités, contenues aussi dans les projectantes *f-h* et *g-i*, seront déterminées par les intersections de ces projectantes et de la fuyante *k-d*.

Résumé du tracé de la perspective d'une fuyante formant un angle quelconque avec le tableau, et un angle quelconque avec le terrain, ou fuyante inclinée.

Soient *d-e* l'horizon, *c* le point de vue, *d* et *e* les deux Fig. 2, Pl. D points de distance, *a-b* la projection horizontale de la fuyante inclinée, 9-10 sa projection verticale, et *f-g* la ligne de terre.

Des points *a* et *b*, menez à la ligne de terre les perpendiculaires *a-ν* et *b-γ*, puis les diagonales *a-11* et *b-12*.

Des points de rencontre *ν* et *γ*, menez au point de vue *c* les fuyantes *ν-c* et *γ-c*.

Des points 11 et 12, au point de distance les fuyantes 11-*d* et 12-*d*.

Résultat.

Les points h et i d'intersection de ces fuyantes seront les traces perspectives des points a et b.

Du point h au point i, tracez la ligne h-i.

Résultat.

Cette ligne h-i sera la trace perspective de la projection horizontale a-b de la fuyante inclinée.

Prolongez cette trace de h en o, point où elle rencontre la ligne de terre, et de i en u, point où elle rencontre l'horizon.

Résultat.

o sera le point de rencontre du tableau par la fuyante sur laquelle se trouve la trace perspective de la projection horizontale a-b, et u sera le point évanouissant de cette fuyante.

Du point o de rencontre, élevez la verticale o-s, et des points h et i celles h-l et i-k.

Résultat.

o-s sera la section du tableau par le plan d'une échelle de dégradation dont o-u serait la base, et h-l et i-k les traces des projectantes passant par les extrémités de la fuyante inclinée.

Portez sur la section o-s les distances 7-9 et 8-10, de o en 5 et de o en 4.

Par ces points, menez au point évanouissant u les fuyantes 5-u et 4-u.

Résultat.

Les points l et k de section des projectantes h-l et i-k seront les apparences des points extrêmes de la fuyante inclinée; et la ligne l-k, menée de l'un à l'autre de ces points, sera sa trace perspective.

Par le point évanouissant u de la projection horizontale de la fuyante inclinée, menez la verticale 13-y.

Prolongez la trace perspective l-k jusqu'au point y, où elle rencontre la verticale 13-y, puis de l en t où elle rencontrera la section du tableau.

Résultat.

Le point y sera le point évanouissant de la fuyante inclinée et de toutes celles qui lui seront parallèles, et le point t sera son point de rencontre du tableau.

REMARQUES.

La détermination du point de rencontre n'est nécessaire qu'autant que l'on n'a aucun point perspectif de la fuyante. Si, par une opération précédente, on a obtenu un point quelconque de la trace de cette fuyante, on n'a plus que le point évanouissant à déterminer ; si l'on a deux points de sa direction, le point évanouissant devient même inutile.

Toutes fuyantes parallèles entre elles concourant au même point, la détermination d'un seul point de chacune d'elles suffit.

Le point évanouissant n'a d'importance que si l'on a un certain nombre de fuyantes concourant au même point, telles que les lames de persiennes, les lignes de joints horizontaux des assises de pierre apparents sur la face d'un édifice, les joints d'un carrelage dans un intérieur, etc. Mais si l'on n'avait à tracer que la perspective d'un comble à croupes droites, celle d'une pyramide quadrangulaire, ou autres figures analogues dont les arêtes se réunissent en un point, on sent bien qu'il serait plus court de déterminer ce point.

Il serait possible que l'inclinaison d'une fuyante par rapport au tableau ou par rapport au terrain, et même par rapport à l'un et à l'autre, fût telle, qu'il devînt très-difficile ou impossible de déterminer le point évanouissant et les points de rencontre, et par conséquent d'en faire usage. Dans tous ces cas, un moyen bien simple de suppléer ces points serait de déterminer la perspective de deux points pour chacune des deux fuyantes, le plus éloignés possible l'un de l'autre ; de les couper par deux verticales, et de fixer sur ces verticales les distances proportionnelles entre chacune des fuyantes intermédiaires, avec l'aide d'une échelle de proportion, ce qui ne peut se faire cependant que lorsque toutes ces fuyantes sont comprises dans un même plan, comme le seraient les fuyantes marquant les assises de pierre sur la surface d'un mur. Mais s'il s'agissait de fuyantes suivant lesquelles les arêtes d'une corniche, d'un entablement ou d'autres parties analogues, auraient leurs apparences, il faudrait tracer la perspective de deux profils obtenus par la section de ces arêtes, par un plan qui serait perpendiculaire à leur direction; on formerait avec elle la moitié de l'angle compris entre elles et les arêtes qui leur seraient contiguës, et prendraient une autre direction, parce qu'alors les points déterminés par le profil seraient des points perspectifs qui appartiendraient aux unes et aux autres de ces arêtes. Cette méthode de tracer la perspective des profils est très-utile dans les tracés des perspectives d'escaliers et de marches rentrantes, saillantes ou circulaires.

Nous ne nous sommes pas proposé de donner des tracés d'application, ce qui nous aurait entraîné dans un travail interminable, et par conséquent toujours incomplet. C'est à ceux qui auront du goût pour la perspective, ou qui devront en tirer quelque utilité, de multiplier les applications des principes que nous venons de développer, ce qui les mettra à même d'en tirer un grand nombre de conséquences qui deviendront pour eux autant de règles qui faciliteront la pratique du tracé de la perspective. Il ne nous reste donc, pour compléter ce travail, qu'à faire seulement l'application de ce qui a été dit au tracé de la perspective des réflexions des objets par la surface des eaux ou par les miroirs plans, et au tracé de la perspective des ombres projetées; ce qui sera l'objet des deux leçons suivantes.

5ᵉ LEÇON.

—

Tracé de la perspective des réflexions des objets par l'eau, ou par les miroirs plans et les surfaces polies.

Lorsqu'un rayon de lumière frappe un corps quelconque, il est repoussé par ce corps sous un angle égal à celui qu'il forme avec sa surface. Cet effet a lieu d'après une loi que la nature a établie, et que tous les corps observent très-exactement lors de leur percussion.

Chaque point d'une surface polie réfléchit donc les rayons qui tombent sur lui de toutes les parties d'un objet ; mais les différents rayons qui partent de cet objet ne peuvent être réfléchis du même endroit d'une surface polie vers le même point ; d'où il suit que les rayons qui viennent des divers points d'un objet, se séparant après la réflexion, feront voir le point d'où ils sont partis. C'est aussi par cet effet que les rayons réfléchis par un miroir, par l'eau, ou par une surface polie, représentent l'image des objets dont ils peuvent recevoir les rayons.

Quant aux surfaces qui ne sont pas polies, comme elles sont formées de cavités, d'aspérités, et par conséquent d'une multitude de surfaces et de plans diversement inclinés, elles confondent les rayons réfléchis, qui ne peuvent alors présenter aucune image des points d'où ils partent : ainsi l'image d'un objet réfléchi par la surface d'une eau tranquille, disparaît dès que le moindre vent agite cette surface, de manière à la couvrir de petites vagues.

On appelle *rayon d'incidence* un rayon A-D qui, partant du point A, vient frapper la surface B-C au point D, que l'on nomme *point de réflexion* ou *d'incidence ;* le rayon D-E est le *rayon de réflexion* ou *réfléchi.* La ligne E - G, menée de l'œil du spectateur ou de quelque autre

Fig. 1, Pl. 10.

point du rayon réfléchi, perpendiculairement à la surface polie C - B, s'appelle *cathète de réflexion* ou *de l'œil;* et la ligne A-C′, menée du point réfléchi A perpendiculairement à la surface polie B-C, s'appelle *cathète d'incidence.*

Des deux angles ADB et ADC que le rayon incident A-D fait avec la surface polie C-B, le plus petit, ADB, est appelé *angle d'incidence.* De même des deux angles EDC et EDB que le rayon réfléchi ED fait avec la surface polie CB, le plus petit, EDC, s'appelle *angle de réflexion.*

L'angle ADK, que fait le rayon d'incidence A-D avec la perpendiculaire D - K élevée du point de réflexion D, à la surface polie B-C, est appelée l'*inclinaison du rayon incident*, et l'angle KDE, l'*inclinaison du rayon réfléchi.*

Si nous supposons un plan passant par la cathète d'incidence A-B et par celle de l'œil E-G, ce plan contiendra le rayon incident A-D et le rayon réfléchi D-E; ce plan s'appellera *plan de réflexion*, et sera perpendiculaire à la surface polie B-C, que nous supposerons ici être la surface de l'eau.

Suivant un axiome reçu en catoptrique, l'image de tout objet réfléchi par la surface d'un miroir plan est dans la cathète d'incidence, à un point autant éloigné du point B où cette cathète rencontre la surface du miroir, que le point où l'objet réfléchi A est éloigné de ce même point B; et comme cette image doit aussi se trouver dans le rayon réfléchi, il s'ensuit qu'elle doit se trouver au point de concours C′ de ce rayon avec la cathète d'incidence.

Si donc nous portons sur la cathète d'incidence la distance B-A du point réfléchi, par la surface, de B en C′, et que du point C′ nous menions le rayon C′-E à l'œil du spectateur, le point D, où ce rayon rencontrera la surface réfléchissante C-B, doit être celui de réflexion. Et en effet, si par le point A et par le point D nous menons la ligne A-D, prolongée jusqu'au point G où elle rencontre la cathète de réflexion E - G, cette ligne A - D sera le rayon d'incidence, et l'angle ADB d'incidence sera égal à celui EDC de réflexion; car l'angle EDG étant opposé au sommet de l'angle ADC′, lui est égal; et l'angle de réflexion EDC étant la moitié de l'angle EDG, est égal à l'angle d'incidence ADB, qui est aussi moitié de l'angle ADC′.

Dans la situation verticale où se trouve l'objet réfléchi
A-B, que nous supposerons être un bâton ou une ligne,
tous les points réfléchis se trouvant sur la même cathète
d'incidence et par conséquent dans le même plan de réflexion, l'image de tous ces points se trouvera sur cette
cathète de B en C', et sur la surface de l'eau, de B en D.
Si nous menons, de l'œil du spectateur, les rayons E-A,
E-B et E-C', l'image B-D aura pour ce spectateur son apparence d'une grandeur égale à celle de l'objet même B-A :
car la ligne B-C est égale à celle A-B ; le rayon E-B par-
tage la ligne A-C' en deux parties égales, au point B ; la
perpendiculaire K-D, étant parallèle à A-C', ainsi que toutes les lignes qui lui seraient parallèles, seront coupées en
deux parties égales et proportionnelles à A-B et à B-C, par
les rayons E-A, E-B et E-C' : or, comme l'apparence de
l'objet et de sa réflexion a lieu dans le plan du tableau qui
est vertical, il suit que *l'apparence de la réflexion d'un
objet situé verticalement sur une surface polie, doit être
égale à l'objet même.* Si donc nous plaçons un tableau H-I
entre l'œil E et l'objet A-B, la grandeur b-c de l'apparence
de la réflexion de cet objet, dans le tableau, sera égale à la
grandeur b-a de l'apparence de l'objet lui-même ; ce qui a
lieu pour une ligne a lieu pour une surface et pour un
corps.

Mais cette proportion change dès que la ligne ou la surface réfléchie devient inclinée par rapport à la surface
polie, et ce changement présente les modifications suivantes.

Si la ligne réfléchie est inclinée en avant, comme celle PI. 10, Fig. 2.
f-h, l'apparence de cette ligne dans le tableau *b-c*, comprise entre les rayons *h-a* et *a-f*, sera la ligne *i-k*, tandis
que l'apparence de sa réflexion, comprise entre les rayons
a-h et *a-g*, sera la ligne *k-l*, plus grande que celle *i-k*.
Cette apparence de la ligne réfléchie diminuerait proportionnellement à son inclinaison, jusqu'à ce qu'elle soit réduite à un point ; ce qui arriverait lorsque l'inclinaison de
la ligne serait telle, que le rayon 1-4 mené de l'œil et la Fig. 3.
ligne elle-même 4-5 se confondraient en une seule ligne
droite 1-5 : alors l'apparence de la réflexion serait encore la

ligne 8-10. Une inclinaison plus considérable, dans le même sens, réduirait à zéro l'apparence de la ligne réfléchie; et l'apparence de la réflexion pourrait encore avoir quelque grandeur, jusqu'à ce qu'enfin la ligne réfléchie et la surface polie étant confondues, l'apparence de la réflexion n'aurait plus lieu. Les modifications contraires arrivent lorsque la ligne réfléchie est inclinée en sens inverse, c'est-à-dire que l'apparence de sa réflexion est moins grande que l'apparence d'elle-même, etc., ce que la seule inspection de la figure 4 démontre suffisamment.

Fig. 4.

Tracé de la perspective de la réflexion d'un solide par la surface de l'eau.

Pl. 10, Fig. 5.   Soit A une figure perspective dont il s'agit de tracer la réflexion par la surface de l'eau. Si nous prolongeons toutes les arêtes verticales de la marche et du parallélipipède qu'elle représente, nous pourrons considérer toutes ces arêtes ainsi prolongées comme autant de cathètes d'incidence, dans lesquelles se trouveront les images des points extrêmes a, b, c, d, z, x, y de ces arêtes.

Nous avons vu que ces images devaient être situées sur les cathètes d'incidence, à un point autant éloigné de celui où elles touchent la surface réfléchissante, que le point réfléchi l'était de ce même point de contact; et comme ici la projection horizontale du solide A a sa trace perspective g-h-e-f-g sur la surface de l'eau, si de ces points nous portons sur les prolongements des cathètes les hauteurs g-z de g en r, n-d de n en u, h-x de h en q, o-b de o en t, l-a de l en s, e-y de e en p, etc., nous aurons l'apparence de la réflexion des points z, d, x, b, a, y, etc., en r, u, q, t, s, p, etc., et par conséquent celles des arêtes du solide correspondant à ces points.

L'arête a-b étant une horizontale parallèle au tableau dont les extrémités a et b ont leurs réflexions déjà fixées aux points s et t, aura la trace perspective de sa réflexion en s-t; celle d-c aura la sienne en u-v, celle x-y en q-p, etc.

Les arêtes a-c et b-d, fuyantes horizontales perpendiculaires au tableau, concourant au point de vue, auront pour

traces perspectives de leurs réflexions les fuyantes s-v et
l-u concourant au même point, etc.

Pour avoir la réflexion de la portion pyramidale qui
couronne le parallélipipède, du point a où se réunissent
les quatre arêtes inclinées de cette portion, et par le point b,
trace perspective de la projection horizontale du point a,
menons la cathète d'incidence a-c; portons sur cette cathète la hauteur b-a de b en c : c sera la réflexion du point
a commun aux quatre arêtes inclinées. Nous avons un
autre point de chacune de ces arêtes, en s, t, u et v : ainsi la
ligne s-c sera la trace perspective de la réflexion de l'arête
a-a, celle c-v de l'arête a-c, celle u-c de l'arête a-d, et celle
t-c de l'arête a-b. On distinguera facilement celles de ces
arêtes dont les réflexions doivent être aperçues, de celles
masquées par les autres parties du solide, les premières
étant indiquées par des lignes tracées pleines, et celles - ci
par des lignes ponctuées.

L'on peut voir ici que les apparences des réflexions des
arêtes verticales, ainsi que nous l'avons dit, sont égales à
ces arêtes mêmes; que celles des plans verticaux sont égales
à ces plans; mais que celles des plans inclinés d'arrière en
avant, telles que la réflexion c-u-v du plan triangulaire
a-d-c, sont plus grandes que ce plan, tandis que celle c-t-s
du plan a-b-a, inclinée d'avant en arrière, est plus petite;
que les réflexions des lignes verticales sont aussi verticales;
que celles des lignes horizontales sont de même horizontales ou parallèles à la ligne de terre; et que celles des fuyantes
horizontales concourent sur l'horizon aux mêmes points
évanouissants que ceux des fuyantes dont elles sont les réflexions.

Quant aux réflexions des fuyantes inclinées par rapport
au tableau et par rapport au terrain, dont les points évanouissants se trouvent sur les verticales passant par les
points évanouissants de leurs projections horizontales sur la
surface réfléchissante horizontale, ces réflexions auront
leurs points évanouissants sur ces mêmes verticales, autant
au - dessus de l'horizon que les points évanouissants des
fuyantes dont elles sont les réflexions sont au-dessous, et
autant au-dessous de l'horizon que les points évanouissants

des fuyantes dont elles sont les réflexions, sont au-dessus. On en apercevra facilement la raison, si l'on considère que la fuyante inclinée et sa réflexion ont une même inclinaison, mais en sens contraire, et qu'elles sont dans le même plan.

Ainsi l'arête *b*-a, par exemple, comprise dans le plan de la diagonale, a sa projection horizontale *h*-b qui s'évanouit au point de distance d : le point évanouissant de l'arête inclinée *b*-a se trouvera donc sur la verticale e-f passant par le point de distance d et prolongée indéfiniment. Ce point évanouissant sera situé sur la verticale e-f, au-dessus de l'horizon ; car l'arête *b*-a tend à s'approcher du tableau par le bas, et à s'en écarter par le haut ; mais l'arête *i*-c, qui est la réflexion de l'arête *b*-a, comprise comme elle dans le plan de la diagonale, tendant à s'approcher par le haut et à s'en écarter par le bas (l'image étant renversée), aura son point évanouissant sur cette même verticale e-f prolongée au-dessous de l'horizon ; et ces deux points évanouissants, l'un de l'objet, l'autre de la réflexion, seront sur la verticale également éloignés du point d.

On voit qu'ici, comme dans les tracés qui précèdent, nous nous sommes dispensé de déterminer ces points, dont (nous le répétons) l'usage n'est une abréviation que dans certains cas que nous avons désignés ; que d'ailleurs cette détermination est souvent impossible, et qu'on peut toujours se passer de ces points.

Tracé de la perspective de la réflexion d'un solide par des glaces posées verticalement.

Pl. A, Fig. 9. Soient A-B-C-D, D-C-F-E et E-F-H-G les traces perspectives de trois glaces dont la direction de la première est perpendiculaire au tableau, celle de la seconde lui est parallèle, et celle de la troisième déclinante ou inclinée par rapport à lui ; soit K la perspective d'un parallélipipède situé entre ces glaces, et dont nous avons à tracer la réflexion par chacune d'elles.

Si des points *a*, *c*, *b* et *d*, nous menons à la ligne de terre les parallèles indéfinies *a*-e, *c*-f, *b*-g et *d*-h, ces parallèles seront perpendiculaires à la surface réfléchissante A-B-C-D; car cette surface, ayant sa trace B-c dirigée au point de vue, est perpendiculaire au tableau, et toute ligne parallèle à la ligne de terre sera perpendiculaire à cette surface.

Ces parallèles seront donc les cathètes d'incidence sur lesquelles nous devons fixer l'apparence du point d'où nous les avons menées : ainsi si, prenant la distance a-i du point a au point i, où la cathète a-e touche la surface de la glace, nous portons cette distance de i en k sur cette cathète, k sera la réflexion du point a; comme si, prenant la distance c-l, nous la portons de l en m sur la cathète o-f, m sera la réflexion du point c.

Remarquons que le point n et le point o se trouvent, le premier sur la cathète menée indéfiniment du point a, et le second sur celle menée du point c : prenons donc aussi les distances n-i et o-l de ces points à la surface; portons ces distances de i en e et de b en f, et les points e et f seront les réflexions des points n et o.

Joignons maintenant ces quatre points par les lignes k-m, m-f, f-e et e-k, et nous aurons la réflexion du carré n-o-c-a-n, base du parallélipipède K.

Si, des points k, m, f et e, nous traçons indéfiniment les verticales k-r, m-s, e-g, f-h, les arêtes verticales n-u, o-t, a-b et c-d auront les apparences de leurs réflexions suivant ces premières lignes.

Par les points u, b et t, d, menons les parallèles à la ligne de terre u-g et t-h : les points r, g, s et h, où elles couperont les verticales k-r, e-g, m-s et f-h, seront les réflexions des points u, b, t et d; le carré r-s-h-g-r sera la réflexion de la face supérieure u-b-d-t-u du parallélipipède, et la figure m-k-e-g-r-s-m sera la réflexion du parallélipipède K.

Si l'on a opéré avec précision, les arêtes n-o, a-c, u-l, b-d du parallélipipède concourant au point de vue C, leurs réflexions k-m, e-f, r-s et g-h y concourront de même; et les diagonales, telles que r-f, concourront aux points de distance. On aurait pu, en prolongeant la diagonale o-a jusqu'au point p de sa rencontre avec la trace B-C de la glace, mener du point p au point de distance q la trace p-q, coupant les parallèles a-e et l-f au point k et f, lesquels points eussent été ainsi déterminés; par ces points et par le point de vue C, tracer les lignes k-m et e-f, et terminer le tracé ainsi que nous l'avons décrit.

Pour obtenir la réflexion du même parallélipipède par la surface réfléchissante D-C-F-E, parallèle au tableau, prolougeons les arêtes n-o et a-c dirigées au point de vue : leurs prolongements seront des cathètes d'incidence menées de ces points à la surface, car elles lui seront perpendiculaires. Prolongeons la diagonale a-o jusqu'au point F de sa rencontre avec la trace F-C de la surface; du point F menons au point de distance q la diagonale F-x : les points z et x de section des cathètes par la diagonale seront les réflexions des points n et c; et si, de ces points z et x, nous traçons les parallèles z-y et x-v, le carré perspectif v-x-y-z-v sera la réflexion de la base o-c-a-n-o.

Les apparences des réflexions des arêtes verticales demeurent toujours verticales, la réflexion étant faite par des surfaces polies verticales. Des points z, x, y et v, élevons donc les verticales z-5, y-3, x-4 et v-6; des points u et b, menons au point de vue C les cathètes u-6 et b-4, qui par leurs sections par les arêtes verticales nous donneront le carré perspectif 5-3-4-6-5, réflexion de celui u-b-d-t-u; et la réflexion entière du parallélipipède dans la surface réfléchissante parallèle au tableau, sera la figure 6-v-zy-3-5-6.

Quant à la réflexion du parallélipipède par la surface verticale G-H-F-E, inclinée par rapport au tableau, elle ne pourra être déterminée (à moins d'opérer par points) qu'en fixant le point évanouissant des fuyantes perpendiculaires à cette surface. Pour cela, prolongeons la trace perspective H-F de la section du terrain par le plan de la surface réfléchissante : le prolongement de cette ligne rencontrera l'horizon au point a; ce point sera le point de concours de la parallèle menée de l'œil b du spectateur à la ligne H-F, ainsi que nous l'avons démontré dans les leçons précédentes. Joignons donc ces deux points a et b par la ligne a-b : du point b menons la ligne b-d perpendiculairement à celle b-a; puisque la ligne b-a est parallèle à la

ligne H-F, et que la ligne b-d est perpendiculaire à la ligne
b-a, elle sera parallèle à toutes celles qui seraient perpendiculaires à b-a et à H-F; et le point où elle rencontre
l'horizon sera le point de concours de toutes les perpendiculaires à la surface réfléchissante ; ces perpendiculaires
sont ici les cathètes que nous avons à mener des différents
angles du parallélipipède K.

Des points *o-n-a-c-t-u-b* et *d* menons, au point évanouissant d de toutes les cathètes, les fuyantes *o*-d′, *n*-d′, *a*-d′,
c-d′, *t*-d′, etc. : nous n'aurons plus qu'à fixer sur chacune
d'elles un point autant éloigné des points où elles coupent
la trace H-F de la glace, que les points d'où elles partent
le sont eux-mêmes de ce point de section.

Pour cela, prolongeons les arêtes *c-o* et *a-n* de *o* en *e* et
de *n* en f, où elles rencontrent la trace H-F de la surface.
Les lignes qui, partant des points f et e, feraient avec la
trace H-F le même angle que celui que les parallèles *a*-f
et c-e font avec cette même trace, couperaient évidemment
les perpendiculaires menées à cette ligne des points *c*, *o*, *n*,
a, à des distances égales à celles où ces points sont distants
de la même ligne, sur les mêmes perpendiculaires; or, ces
lignes sont des fuyantes dont il faudrait déterminer le point
de concours, et ce point doit se trouver sur l'horizon, puisque ces fuyantes sont horizontales.

Si nous divisons la base *n*-f du triangle perspectif F-3-*n*
en deux parties égales, f-2 et 2-*n*; que, par le point 2 et
l'angle 3, nous menions la ligne 2-3, elle sera nécessairement parallèle au côté f-h du triangle contigu f-h-3-f, puisque les côtés h-3 et 3-f sont égaux, que le côté 3-f est
commun aux deux triangles et perpendiculaire à h-*n*, et
leurs angles égaux.

Si nous prolongeons la ligne 2-3 de 3 en g, point de sa
rencontre avec l'horizon, g sera le point évanouissant de la
ligne 2-3, et le point milieu du côté d′-a du triangle a-3-d′-a,
sera opposé au sommet de celui f-3-*n*-f. Ce point g serait en
effet celui où viendrait aboutir au tableau la parallèle menée de l'œil à la projection horizontale des fuyantes f-g-e-g,
et à toutes les lignes qui leur seraient parallèles : l'on voit
donc qu'il suffira, pour fixer ce point évanouissant, de divi-

ser l'espace d-a en deux parties égales, et que le point de division g sera le point évanouissant cherché.

Des points f et e, menons donc au point g les fuyantes f-g et e-g, dont les intersections avec les perpendiculaires n-*h*, *o*-i, *a*-k et *c*-l donneront pour réflexion de la base du parallélipipède, le carré perspectif h-i-l-k-h : de ces points élevons indéfiniment des verticales qui, par leur intersection avec les fuyantes supérieures, menées des points *t*, *u*, *b* et *d* au point évanouissant *d'*, donneront le carré perspectif M.

Nous aurions encore pu, des points f et e, élever les verticales f-n et e-m; porter sur la première la hauteur *n-u*, et sur la seconde la hauteur *o-t*; des points n et m, où auraient abouti les hauteurs des points *u* et *t*, nous eussions mené les fuyantes n-g et m-g, et nous eussions obtenu de même le carré perspectif M, et terminé ainsi le tracé de la perspective de la réflexion du parallélipipède K par la surface verticale inclinée par rapport au tableau.

Deux opérations dont les résultats sont semblables, prouvent réciproquement leur exactitude; mais dès que l'on a acquis la conviction de l'exactitude de l'une ou de l'autre, on doit adopter l'usage de l'une d'elles; et il nous semble que ce doit toujours être de celle dont on conçoit le mieux la marche, car, par cela même, elle sera en même temps la plus courte.

Pour être conséquent à ce principe et suivre l'uniformité que nous avons mise jusqu'ici dans les tracés, nous allons faire les résumés de ces deux derniers, comme si l'on ne pouvait pas se servir des parallèles menées de l'œil pour déterminer les points évanouissants.

Résumé du tracé de la perspective de la réflexion
d'un solide par la surface de l'eau.

Pl. 10, Fig. 5. Soient A les traces perspectives du solide dont *f-g-h-e-f* est la projection horizontale perspective tracée sur la surface de l'eau, B-d l'horizon, B le point de vue, et d le point de distance.

Prolongez indéfiniment les verticales *g-z*, *n-d*, *o-b*, *m-c*,

l-a, h-x et e-y du parallélipipède et de la marche, ainsi que la verticale a-b.

Résultat.

Ces verticales ainsi prolongées seront autant de cathètes d'incidence, perpendiculaires à la surface réfléchissante, menées de chacun des points a, b, d, c, etc.

Des points g, n, o, h, m, l, e et b, où les verticales touchent la surface de l'eau, portez de g en r la hauteur g-z, de n en u celle n-d, de h en q la hauteur h-x, de o en t celle o-b, et ainsi de tous les points situés sur ces verticales, et dont on voudrait avoir les réflexions.

Résultat.

Ces points ainsi fixés en r, t, u, v, s, p, etc., seront les réflexions des points correspondants sur les mêmes verticales, au-dessus de la surface de l'eau.

Si l'on unit ces points par les lignes r-q, q-p, u-t, u-v, v-u, v-s, s-t, puis le point c, réflexion du sommet a, aux points t, u, v et s, par les lignes t-c, u-c, v-c et s-c, etc.

Résultat.

On aura ainsi déterminé la réflexion entière de la marche, du parallélipipède et du solide pyramidal qui termine sa partie supérieure. Nous pensons que la figure indiquera assez les réflexions de chacune des parties de ce solide, pour nous dispenser de les désigner séparément.

Si l'opération a été faite avec précision, les diagonales t-v et s-u devront concourir aux points de distance avec celles b-c et a-d; les fuyantes horizontales t-u et s-v concourront au point de vue avec celles b-a et a-c; et les fuyantes inclinées c-v, c-s, c-t et c-u auront leurs points évanouissants, comme celles dont elles sont les réflexions, sur des verticales comme celle e-f, passant par les points de distance, de la manière qui a été indiquée ci-dessus.

*Résumé du tracé de la perspective de la réflexion
d'un solide par des surfaces posées verticalement.*

Fig. 9, Pl. A.   Soient A la projection horizontale d'un parallélipipède ;
B ses traces perspectives dans le tableau ; Q-R la projection
horizontale de la glace verticale, inclinée par rapport au
tableau Q-U ; R-S la projection horizontale de la glace parallèle, et S-U celle de la glace perpendiculaire au tableau ;
Q-V, V-X et X-U les traces perspectives de ces projections ;
Z – V et Y – X les traces perspectives des intersections des
trois glaces ; L et N les points de distance, et 1 le point
de vue.

Des points 11, 12, 13 et 14 de la projection horizontale
du parallélipipède, menez aux sections du terrain par les
plans des trois glaces ou projections horizontales de ces
plans Q - R , R - S et S - U, les perpendiculaires indéfinies
11-15, 12-16, 13-17, 14-18, 12-20, 11-19, 12-20, 11-21
et 13-22.

Portez sur chacune de ces perpendiculaires la distance
des points d'où elles sont menées, à la glace, comme, par
exemple, celle 11-23, de 23 en 15, celle 14-24, de 24 en
18, de 11-25, de 25 en 19, de 13-25, de 25 en 29, de 13-27,
de 27 en 22, de 14-27, de 27 en 30, etc.

Joignez ces points par les arêtes qui doivent leur corres-
pondre, comme 15-17, 17-18, 18-16, etc.

Résultat.

Vous aurez ainsi tracé les projections horizontales H, F
et G, des réflexions du parallélipipède par les trois glaces.

Du point R, projection horizontale de la ligne d'intersection de la glace Q-R, et de celle R-S, menez à la ligne
de terre Q-U la perpendiculaire R-a ; du point a au point
de vue I, la fuyante a-I ; du point R, la diagonale R-b ;
du point b au point de distance N, la fuyante b-N.

Résultat.

Le point V, d'intersection des deux fuyantes, sera la

perspective du point R, celle d'un point de la trace Q-R, et celle d'un point de la trace R-S.

Du point Q, où la trace R-Q rencontre la ligne de terre au point V, menez la ligne Q-V; du point V, parallèlement à la ligne de terre, la ligne V-X; du point U au point de vue I, la fuyante U-I; du point V élevez la verticale V-Z, et du point X celle X-Y.

Résultat.

Z-V-Q sera l'apparence de la glace, dont Q-R est la projection horizontale; Z-V-X-Y l'apparence de celle projetée en R-S, et Y-X-U l'apparence de celle projetée en S-U.

Du point 23, où la perpendiculaire 11-15 coupe la trace Q-R, menez à la ligne de terre la perpendiculaire 23-e, et du point e, la fuyante e-ɪ.

Du point a, perspective du point 11, et par le point d'intersection de la fuyante e-i et de la trace Q-V, menez la ligne a-d, prolongée jusqu'au point M de sa rencontre avec l'horizon.

Résultat.

d sera la perspective du point 23, a-d celle de la perpendiculaire 11-23, et M le point évanouissant de cette perpendiculaire, et le point de concours de toutes les perpendiculaires qui pourraient être menées à la surface de la glace Q-R.

Des autres points b, c et d de la perspective de la base du parallélipipède et des angles supérieurs f, c, h et g, menez au point M les fuyantes b-M, d-M, f-M, e-M, etc.

Prolongez la trace perspective Q-V jusqu'à son point de rencontre K avec l'horizon; partagez la portion K-M de l'horizon comprise entre le point évanouissant K de la trace Q-V de la glace, et celui M, des perpendiculaires menées à cette trace, en deux parties égales K-l et l-M.

Résultat.

Le point l sera le point évanouissant des lignes 18-h, et 16-g, qui, faisant avec la trace Q-R le même angle que les parallèles 11-i et 13-m font avec cette même trace, coupent les perpendiculaires 11-15, 14-18, etc., à des distances 23-15, 24-18, égales à celles 11-23, 24-14 des points 11 et 14, de la trace Q-R ou de la surface de la glace.

Des points h et g, où les lignes 18-m et 16-i prolongées rencontrent la ligne de terre, menez au point l les fuyantes h-l et g-l.

Résultat.

Elles donneront, par leurs intersections avec les perpendiculaires a-M, c-M, etc., le carré perspectif u-v-t-x-u pour réflexion de celui a-b-c-d-a.

Des points u, v, t et x, élevez les verticales u-y, x-2, t-z et v-1.

Résultat.

Les intersections de ces verticales et des fuyantes f-M, 1-M, etc., donneront le carré perspectif supérieur y-2-z-g-y pour réflexion de celui g-f-e-h-g; et la réflexion entière du parallélipipède sera la figure y-u-x-t-z-2-y.

REMARQUE.

On aurait pu se passer des points de rencontre g et h, car les parallèles à la ligne de terre, menées des points a et h, eussent donné, par leurs rencontres avec la trace Q-V, les points perspectifs p et q des fuyantes h-l et g-l. On aurait même pu se passer de ces fuyantes, et par conséquent de leur point de concours l; car puisque l'on avait la projection horizontale des réflexions, on pouvait, du point 15, par exemple, mener à la ligne de terre la perpendiculaire 15-f, dont la trace perspective eût été la fuyante f-i dirigée au point de vue, laquelle trace eût également donné le point u, perspective du point 15. On eût été obligé d'opérer de même pour les points 17, 18 et 16, ce qui eût donné quatre fuyantes au lieu de deux; mais, nous le répétons, l'opération la mieux comprise est toujours la plus simple et la plus courte; et cette remarque tend à prouver que lorsqu'on sait faire les projections horizontales et verticales des objets que l'on doit mettre en perspective, et mettre un point en perspective, on peut se passer de toute autre combinaison, et réduire l'opération la plus compliquée à l'opération la plus simple que l'on sait quand on l'a pratiquée une seule fois, et que l'on ne peut oublier. Ceci est dit pour ceux qui n'ont ni le temps ni la volonté de s'occuper de la théorie de la perspective, dont les avantages sur la pratique resteront toujours incontestables.

Pour obtenir la réflexion du parallélipipède par la glace V-X parallèle au tableau, des points b et c menez au point de vue i les fuyantes b-i et c-i, et par les points d et b menez au point de distance L la fuyante d-L.

Par le point o, où cette fuyante coupe la trace prolongée X-V de la glace, menez la fuyante o-N.

Résultat.

Les points 4 et 6, où cette fuyante coupe celles a-1 et d-1, perpendiculaires au tableau, seront les traces perspectives des points b et d; car les fuyantes d-o et o-6 sont des diagonales qui mettent ces points 4 et 6 à une distance de la glace V-X égale à celle où se trouvent situés les points b et d, de la même glace.

Des points 4 et 6, menez parallèlement à la ligne de terre les lignes 4 - 5 et 6 - 3.

Résultat.

Les points 5 et 3 seront les traces perspectives des points e et a, et le carré perspectif 3-4-5-6-3 sera la perspective de la réflexion du carré perspectif a-b-c-d-a.

Des points 3, 4, 5 et 6, élevez les verticales 3-7, 4-8, 5-9 et 6-10; des points g et h, menez au point de vue i les fuyantes g-i et h-i; enfin, du point 8 au point 9, et du point 7 au point 10, les parallèles 8-9 et 7-10.

Résultat.

Vous aurez tracé de cette manière le parallélipipède 7-3-4-5-9-8-7, qui sera la perspective de la réflexion du parallélipipède B par la glace parallèle au tableau.

La réflexion du même parallélipipède par la glace U-X, perpendiculaire au tableau, se déterminera en menant à la ligne de terre les parallèles a-r, b-q, f-m et g-n.

Résultat.

Ces parallèles seront perpendiculaires à la surface de la glace X-U, et par conséquent, des cathètes d'incidence menées de tous les angles du parallélipipède.

L'on prendra les distances r-*d*, r-*a*, t-*c*, t·*b*, que l'on portera sur ces cathètes de r en *s* et en *r*, et de t en *p* et en *q*; des points *r*, *s*, *p* et *q* on élèvera les verticales *s-k*, *r-m*, *p-i* et *q-n*, puis on tracera les côtés *k-i* et *n-m*.

Résultat.

Le parallélipipède perspectif *i-p-s-r-m-k-i* sera la réflexion du parallélipipède B par la glace X-U, perpendiculaire au tableau.

6ᵉ LEÇON.

—

Du tracé de la perspective des ombres.

L'ombre produite dans l'espace, par l'interception des rayons de lumière par un corps opaque, est ce qu'on appelle ombre réelle; et l'ombre produite sur une surface ou sur un corps quelconque par l'interception des rayons de lumière par une surface ou par un corps placé entre le corps lumineux et la surface ou le corps opaque, s'appelle ombre projetée ou portée.

La première de ces ombres ne peut produire des traces apparentes par elle-même : ne formant pas un corps, elle ne peut être aperçue que par ses effets sur un corps ou une surface qu'elle prive en totalité ou en partie de la lumière. Si elle l'en prive en totalité, ce corps ne sera aperçu que par contraste avec une surface éclairée; et si ce contraste n'a pas lieu, il ne sera pas vu, puisque la vision ne peut être opérée que par la répercussion des rayons de lumière, et que ce corps ne peut répercuter des rayons qui ne le frappent pas.

Si la surface ou le corps interposé ne prive qu'une partie du corps opaque des rayons de lumière, il y aura sur ce dernier une ligne tracée par les rayons de lumière tangents au corps interposé, séparant la partie éclairée de celle privée de lumière; alors seulement il y aura projection de l'ombre, et c'est du tracé de la perspective de ces lignes que nous allons nous occuper.

Les rayons de la lumière qui nous vient du soleil nous paraissent parallèles entre eux, mais ils ne le sont pas réellement; car un corps lumineux près d'un million quatre cent mille fois plus gros que le volume de la terre, doit avoir ses rayons tangents à sa surface, convergents et réunis en un point quelconque de l'espace; à bien plus forte raison cette convergence existera-t-elle lorsque ses rayons seront tangents à un corps infiniment petit comparativement au volume de la terre : mais en raison des trente-quatre millions de lieues de distance reconnue entre le soleil et la terre, la portion des rayons tangents, depuis les points de tangence jusqu'aux points de rencontre d'un corps ou d'une surface par ces rayons, est si courte, que leur convergence échappe à nos sens, et que leur parallélisme nous paraît constant.

Les rayons de la lumière produite par un flambeau, et tangents à un corps interposé, sont divergents lorsque ce corps est plus gros que le disque de la lumière, et convergents lorsque ce corps est plus petit ; mais comme ce dernier cas est très-rare, et qu'arrivant il serait impossible de déterminer graphiquement les limites de l'ombre, on considère toujours, dans la pratique du tracé, la lumière du flambeau comme émanée d'un point lumineux formant le centre du disque, et le sommet d'un cône dont les rayons tangents sont les arêtes, et dont la base serait le périmètre de l'ombre projetée.

C'est par la disposition des ombres que l'on juge de la forme des corps, de leur relief, si ces ombres sont portées sur des surfaces planes courbes, et même à double courbure, etc. Un cercle qui serait l'apparence d'une sphère, sans ombre, serait pris pour un plateau circulaire ; un cylindre dont on n'apercevrait que les arêtes, aurait l'apparence d'un plan.

Les ombres contribuent avec le ton général du tableau à indiquer l'heure de la journée, et même la zone dans laquelle se trouve le site que l'on a peint. On sait que les peuples que l'on désigne par le nom d'Asciens n'ont point d'ombre pendant un certain temps, à deux époques de l'année ; que ceux nommés Amphisciens ont l'ombre alternativement autour d'eux ; qu'entre les deux tropiques, dans toute la zone torride, l'ombre doit être nulle, à midi, sur tous les points de la latitude qui joindrait les points d'orient et d'occident vrais ; et qu'enfin, à partir des tropiques, plus on avance vers les pôles, et plus l'ombre doit être allongée.

Tous ces effets dépendent de l'inclinaison plus ou moins grande des rayons du soleil par rapport à la surface de notre globe, inclinaison que l'on peut déterminer pour

chaque latitude : mais nous nous bornerons ici à faire ob-
server que Paris étant situé sur le 49e degré de latitude,
l'angle que doivent former les rayons du soleil à midi doit
être environ de 64 degrés, et que conséquemment on ne
peut jamais augmenter cet angle, mais bien le diminuer
suivant l'heure de la journée, si le site que l'on aurait à
représenter se trouvait peu distant de la latitude de ce
lieu.

*Tracé de l'ombre portée par un bâton, dans quelque
position qu'il soit, et quelle que soit la direction
des rayons du soleil par rapport au tableau.*

Ou les rayons du soleil sont parallèles au tableau, ou ils
ont une direction d'arrière en avant, ou d'avant en arrière
du tableau, et dans ces dernières directions ils sont inclinés
par rapport à lui et par rapport au terrain. Dans tous ces
cas, les rayons du soleil étant parallèles entre eux, auront
leurs traces perspectives dans le tableau comme celles des
lignes des classes et divisions des classes dans lesquelles ils
peuvent être rangés. Ainsi, dans le premier cas, celui du
parallélisme avec le tableau, ces rayons, que nous devons
considérer comme des lignes droites, appartiendront à la
troisième division de la première classe, comprenant toutes
les parallèles au tableau inclinées par rapport au terrain, et
auront, comme elles, leurs traces perspectives parallèles à
eux-mêmes. Dans le cas où la direction des rayons est d'arrière en avant ou d'avant en arrière, ils appartiendront à la
seconde division de la seconde classe des lignes comprenant
toutes les fuyantes inclinées par rapport au tableau et par
rapport au terrain, et auront, comme ces fuyantes, leurs
points évanouissants situés sur des verticales passant par les
points évanouissants de leurs projections horizontales, au-
dessus de l'horizon, si la direction est d'arrière en avant du
tableau, et au-dessous de l'horizon, si la direction des
rayons est d'avant en arrière. Le second point nécessaire
pour obtenir la trace perspective du rayon, sera le point
perspectif dont on voudra déterminer l'ombre portée, l'inclinaison apparente d'un rayon fuyant étant en raison de la

situation de ce point ; et le point de rencontre du tableau par ce rayon, en raison de son inclinaison apparente ; ce que l'on comprendra facilement après avoir lu le tracé qui suit.

Fig. 1, Pl. 11. Soit a-b la trace perspective d'un bâton dont nous avons à déterminer l'ombre portée, les rayons du soleil étant parallèles au tableau.

Imaginons un plan vertical parallèle au tableau, passant par le point a, extrémité supérieure du bâton que nous considérerons comme une ligne, et auquel nous ne supposerons pas plus d'épaisseur, afin de ne pas compliquer l'opération. Ce plan contiendra d'abord le point a ; et puisque le bâton a-b est vertical, tous les autres points de ce bâton seront également contenus dans le plan ; de plus, il contiendra tous les rayons que l'on pourrait mener par tous les points du bâton, et coupera le terrain suivant la ligne b-c, parallèle à la ligne de terre, puisqu'il est parallèle au tableau.

Tous les rayons menés par les points du bâton dans le plan vertical imaginé, auront leurs projections horizontales suivant la ligne b-c, de section du terrain par le plan vertical, et tous ces rayons rencontreraient le terrain sur cette ligne ; mais ceux de ces rayons qui seraient interceptés par le bâton, n'y pouvant parvenir, laisseraient une partie de cette ligne privée de lumière, et cette partie serait l'ombre portée par le bâton.

Cela bien entendu, par le point a, dernier point du bâton qui puisse intercepter les rayons, et qui sépare par conséquent les rayons interceptés de ceux menés dans le même plan, et dont le passage serait libre, menons le rayon a-c, faisant avec le bâton a-b l'angle f-a-g de 55°, complément de celui a-c-b de 35°, lequel est supposé devoir être fait par le rayon avec le terrain. Le point c sera le point de séparation de l'ombre portée par le bâton et de la lumière ; et la ligne b-c serait la ligne d'ombre produite par le bâton sur le terrain.

Mais cette ligne rencontre au point d la trace h-i de la section du terrain par un autre plan vertical, que nous supposerons être un mur, une cloison, ou toute autre surface opaque, sur laquelle l'ombre devra se projeter. Cette surface étant verticale, sera coupée par le plan vertical contenant les rayons suivant la verticale d-e élevée du point d de rencontre des traces de section du terrain par le plan et la surface.

Le point e de rencontre du rayon a-c par la verticale d-e est évidemment celui où la surface opaque serait rencontrée par le rayon a-c, et conséquemment le dernier point de l'ombre portée par le bâton sur cette surface, comme le point d en est le premier; ainsi l'ombre totale du bâton, produite sur le terrain et sur la surface opaque, sera la ligne b-d-e.

Soit maintenant a-b un bâton portant une ombre pro- Fig. 2, Pl 11. duite par l'interception des rayons du soleil venant d'arrière en avant du tableau. Ces rayons, comme nous l'avons démontré, seront des fuyantes inclinées par rapport au tableau et par rapport au terrain, dont le point de concours devra être préalablement déterminé pour pouvoir tracer leurs directions.

Supposons que chacun de ces rayons puisse être compris dans un plan vertical perpendiculaire au tableau, ce qui se connaîtra (comme nous l'avons dit) lorsque les projections horizontales de ces rayons seront perpendiculaires à la ligne de terre. Alors le point de concours de ces rayons se trouvera sur la verticale passant par le point de vue; car ce point serait le point évanouissant et le point de concours de toutes les projections horizontales de ces rayons.

Remarquons que le point de distance g est éloigné du point de vue h, et par conséquent de la verticale e-f, d'une distance horizontale égale à celle où l'œil du spectateur se trouve de ce point et de cette verticale; de plus, qu'ils sont dans le même plan, qui est celui du tableau : conséquemment si, au point g, nous formons e-g-h égale à celui de l'inclinaison que l'on veut donner au rayon de lumière par rapport au terrain, g-e sera la parallèle menée au rayon de lumière, de l'œil du spectateur; e le point de rencontre du tableau par cette parallèle, et par conséquent le point évanouissant des rayons.

Nous avons vu que le point h était le point évanouissant

des projections horizontales de tous les rayons compris dans des plans perpendiculaires au tableau ; et si , par le point h et le point b où le bâton touche le terrain , nous menons la ligne h-d , cette ligne sera la trace de section du terrain par un plan vertical qui contiendrait le bâton a-b , et les rayons qui pourraient être menés à tous ses points. Maintenant si , par le point évanouissant e de tous les rayons, et par le point a du bâton , nous menons le rayon e-d , d sera le dernier point de l'ombre portée par le bâton sur le terrain ; b sera un autre point de cette ombre , et b-d l'ombre totale.

Si nous supposons les rayons du soleil venant de devant en arrière du tableau , la direction des plans contenant les rayons , toujours perpendiculaire au tableau , et l'angle formé par ces rayons avec le terrain , du même nombre de degrés que celui formé par les rayons précédents, c'est-à-dire ceux venant d'arrière en avant du tableau , l'on sent bien qu'il n'y aura de différence entre les deux cas présentés qu'en ce que , dans le premier , le rayon e-d venant d'arrière en avant , tendant à s'approcher du tableau par le bas et à s'en écarter par le haut, a son point évanouissant e situé sur la verticale e-f, passant par le point évanouissant h de sa projection horizontale d-h , au-dessus de l'horizon ; tandis que , dans le second cas, le rayon venant d'avant en arrière du tableau , tendant à s'approcher du tableau par le bas et à s'en écarter par le haut , aura son point évanouissant situé sur la même verticale , mais au-dessous de l'horizon ; et , attendu que nous avons supposé que les rayons du soleil faisaient avec le terrain , dans cette nouvelle direction , le même angle que celui qu'ils formaient dans la première , ce point évanouissant sera situé sur la verticale e-f, à une distance h-f au-dessous de l'horizon g-h , égale à la distance h-e où se trouve le point évanouissant e au-dessus de cet horizon.

La preuve convaincante de l'exactitude de ce raisonnement , est que si nous formons au point g, œil du spectateur, l'angle h-g-f égal à celui e-g-h, la ligne g-f, menée du point g par la division de cet angle , sera parallèle au rayon ayant la dernière direction , comme la ligne g - e était pa-

rållèle à la première direction des rayons; elle rencontrera
la verticale *e-f* précisément au point *f*, et déterminera de
même ce point de la verticale comme point évanouissant
des rayons.

Si donc, du point *f* et par l'extrémité *a* du bâton, nous
menons le rayon *f-a*, ce rayon rencontrera en *c* le terrain,
et la partie *b-c* de sa projection horizontale sera l'ombre
portée sur le terrain par le bâton *a-b*, la lumière du soleil
venant d'avant en arrière du tableau.

Si le bâton était incliné au lieu d'être dans une position
verticale, on sent bien que, ne pouvant plus être contenu
dans un plan vertical, les rayons que l'on mènerait à chacun
des points de ce bâton, dont on voudrait déterminer l'ombre portée, devraient être compris dans autant de plans
verticaux dont il ne serait pas moins facile de déterminer
les intersections avec les plans qu'ils rencontreraient, dans
lesquels on mènerait les rayons de lumière interceptés par
les points du bâton, et dont la rencontre avec les plans sur
lesquels l'ombre serait portée, déterminerait les traces perspectives de cette ombre; ce moyen est aussi le seul que
l'on puisse employer pour la détermination des ombres portées par des lignes courbes, et ne diffère en rien de celui que
nous avons décrit précédemment, ainsi qu'on peut s'en
convaincre par le problème suivant.

Soit *a-b* la trace perspective d'un bâton touchant en *b* le Fig. 3, Pl. 11.
terrain, et en *a* un mur incliné par rapport au tableau;
soit *h* le point de concours des rayons du soleil, lequel
point, par sa position au-dessus de l'horizon, indique que
ces rayons viennent d'arrière en avant du tableau, et par
sa situation sur la verticale passant par le point de vue *k*,
fait connaître qu'ils sont compris dans des plans verticaux
perpendiculaires au tableau. Soit enfin *b-i* la trace perspective de la projection horizontale du bâton, et par conséquent celle de la section du terrain par un plan vertical passant par le bâton.

De chaque point, comme (par exemple) de ceux *a* et *g* du
bâton, si nous menons des verticales comme *a-i* et *g-f*; que,
des points *i* et *f* de rencontre de ces verticales avec la trace
perspective *b-i* de la projection horizontale, nous menions

indéfiniment par le point de vue k les lignes k-e, k-c, ces lignes seront les traces perspectives de la section du terrain par des plans verticaux qui contiendraient les rayons a-c et g-e menés par le point de concours h, et par ceux a et g qui appartiennent au bâton et aux verticales a-i et g-f. Ces rayons rencontrent le terrain aux points c et e, où ils coupent les traces k-c et k-e des plans verticaux qui les contiennent; les points c et e sont donc deux points de l'ombre portée par le bâton sur le terrain. Le point b du bâton ne porte aucune ombre au-delà, puisqu'il touche le terrain; mais elle doit commencer à partir de ce point. Le point c est l'ombre portée par l'extrémité a; et comme ce bâton est une ligne droite, l'ombre portée par cette ligne sur le terrain serait la ligne b-c passant nécessairement par le point e, ombre portée par le point g, et serait passée par tous les autres points que nous aurions déterminés de la même manière, sans cesser d'être droite, attendu que le bâton qui doit produire cette ombre est une ligne droite; mais on doit juger que la détermination des points c, d, e, eût produit une ligne courbe, si le bâton a-g-b eût été courbe.

La ligne d'ombre rencontre au point d la trace d-i du mur vertical : ce point d appartient donc à l'ombre portée sur ce mur par le bâton; le point a où il le touche en est le dernier point : ainsi l'ombre totale portée par le bâton sur le terrain et sur le mur sera la trace b-d-a.

Tracé de la perspective de l'ombre portée par une table, la lumière provenant d'un flambeau.

Après ce que nous venons de dire sur les deux tracés précédents, les détails que nous pourrions donner sur celui-ci ne seraient que la répétition de ces tracés. En effet, si l'on considère que les rayons du soleil venant d'arrière en avant ou d'avant en arrière du tableau, doivent concourir à un seul point, situé pour les premiers au-dessus de l'horizon, et pour les derniers au-dessous de l'horizon, et que les rayons de lumière venant d'un flambeau ont pour point de concours le point de centre de son disque, dont la situation perspective est un point quelconque de la surface du tableau, on concevra qu'il y a une parfaite analogie entre les directions des uns et des autres, et que les moyens d'opérer le tracé des ombres produites par l'interception de ces rayons doivent être les mêmes. On considérera donc ce qui suit comme un exercice, ou comme une preuve de ce que nous venons de dire.

Soient p-o-q-m-n les traces perspectives d'une table sur laquelle est placé un flambeau b; c-d-e-b la perspective de la projection horizontale de la table, et a celle du flambeau. Fig. 2, Pl. 13.

Si, par les diagonales e-c, d-b de la projection, nous supposons deux plans verticaux indéfinis, ces plans verticaux couperont le terrain suivant les diagonales prolongées k-r et h-s, se couperont eux-mêmes suivant la verticale a-b, et contiendront tous deux le point b, centre du disque de la lumière, puisque ce point se trouvera sur leur section commune a-b. Le plan passant par la diagonale k-r contiendra l'angle p et celui m de la table; et le plan passant h-s, contiendra les deux autres angles q et n.

Si, par les quatre angles p, q, n et m, et par le point lumineux b, nous menons les rayons b-k, b-h, b-o et b-l, ces rayons seront contenus dans les plans verticaux passant par k-r et par h-s. Le rayon b-k rencontrera le terrain au point k de la section k-r du terrain par le plan qui le contient, et celui b-h rencontrera le terrain au point h de la section h-s : ces deux points k et h seront donc, l'un l'ombre portée par l'angle p, l'autre, l'ombre portée par l'angle q sur le terrain.

Quant aux rayons b-l et b-o, l'on voit que l'un ne rencontrerait la trace k-r du plan qui le contient qu'au-delà du mur, et que l'autre (le rayon b-o) ne rencontrerait la trace h-s qu'au-delà du même mur, dont la section commune avec le terrain est la ligne s-r. La trace k-r de l'un des plans verticaux coupe la section s-r du mur au point r, et la trace h-s de l'autre plan vertical coupe celle du mur au point s : les points r et s sont donc deux points de la section du mur par les deux plans verticaux; et comme le mur est vertical, il ne peut être coupé par ces deux plans que suivant deux verticales.

Des points r et s, élevons donc les deux verticales r-l et s-o, et les points l et o (où les rayons b-l et b-o rencontrent ces verticales) seront les deux points de l'ombre portée, le premier par l'angle m, et le second par l'angle n de la table sur le mur.

Maintenant, si nous joignons le point k au point h par la ligne k-h, cette ligne sera l'ombre portée sur le terrain par le côté p-q de la table ; et si nous joignons de même le point o au point l, la ligne o-l sera l'ombre portée sur le mur par le côté n-m.

Si la trace k-r eût été prolongée ainsi que le rayon b-l, le point t de rencontre de ces deux lignes eût été l'ombre portée sur le terrain par l'angle m ; et la ligne h-t, qui aurait joint ces deux points h et t, l'ombre portée par le côté q-m de la table. Le point v de rencontre de la ligne s-r par la ligne h-t eût été un point d'ombre commun au terrain et au mur. Nous avons vu que le point l était sur le mur l'ombre de l'angle m, et par conséquent la ligne v-l l'ombre portée sur le mur par une portion du côté q-m de la table.

Une opération semblable nous aurait fait trouver la ligne i-o analogue à celle v-l, si le raisonnement suivant ne nous avait démontré l'inutilité de l'une comme celle de l'autre Le côté q m de la table est parallèle au tableau, puisque sa trace perspective est parallèle à la ligne de terre ; donc l'ombre portée par ce côté sur le terrain sera aussi parallèle à cette ligne ; et puisque le point h est un point de la ligne d'ombre, et que nous connaissons la direction de cette ligne, en menant du point h, parallèlement à la ligne de terre, la ligne h-v, cette ligne doit être l'ombre portée par l'arête q-m. Or, cette ligne nous donne le point v, comme la parallèle menée du point k doit nous donner le point i, par leur rencontre l et v avec la trace i-v du mur ; on voit donc que les points l et v peuvent être déterminés de l'une comme de l'autre manière dans le cas présent, c'est-à-dire celui où deux des côtés du plan horizontal de la table sont parallèles au tableau.

Si ce tracé a été fait avec exactitude, on trouvera que les lignes k-h et o-l étant l'ombre portée par les côtés p-q et

n-m , perpendiculaires au tableau , **concourent avec ces cô**-
tés au point de vue , et que celles **h-v et k-i** étant l'ombre
portée par les côtés q-m et p-n , restent **comme ces côtés**
parallèles à la ligne de terre.

OBSERVATION.

On trouvera peut-être extraordinaire que dans le tracé
de la perspective des ombres nous nous soyons écarté de la
marche que nous avons suivie dans les premières leçons,
laquelle consistait dans la considération seule des projections horizontales et verticales des lignes que nous avions à
mettre en perspective. Mais d'abord nous ferons remarquer
que les diverses suppositions et mouvements de plans que
nous avions été obligé de faire , soit pour les démonstrations, soit pour l'exécution des tracés, avaient pu rendre
déjà cette manière d'opérer familière à ceux qui auront pris
la peine de les lire avec quelque attention ; ensuite que si ,
suivant les moyens indiqués dans les premières leçons, on
ne veut opérer que d'après les projections des objets que
l'on a à mettre en perspective, ce qui, à la vérité, paraît
plus simple, il sera facile de déterminer les projections des
lignes de séparation des ombres et de la lumière, et on ré-
duira le tracé à la perspective de lignes dont les projections
seront connues.

Cependant la détermination des projections des lignes
formées par l'ombre portée sur divers plans horizontaux ,
verticaux ou inclinés, ou sur des surfaces courbes , est es-
sentiellement du domaine de la géométrie descriptive. C'est
par les sections de ces différentes surfaces par des plans que
l'on appelle *coupants*, que l'on parvient à fixer sur elles les
points d'ombre portée , en menant dans ces plans les rayons
dont la rencontre avec les traces des sections obtenues, sont
les points d'ombre cherchés. Cette détermination ne présentant pas moins de difficultés que le tracé immédiat de la
perspective de ces ombres, nous avons cru qu'il y avait un
avantage réel à le présenter ; et si nous sommes assez heu-
reux pour nous être fait comprendre, nous aurons offert
une économie de temps et de peine, sans ôter à ceux qui

6

porteraient un jugement différent du nôtre, la possibilité de suivre la première route.

Résumé des tracés de perspective d'ombres, contenus dans cette dernière leçon.

Tracé de l'ombre portée par un bâton sur deux plans, l'un horizontal et l'autre vertical, les rayons du soleil étant parallèles au tableau.

Fig. 1, Pl. 11. Soient *a-b* la trace perspective d'un bâton dans une position verticale, *b* le point perspectif où il touche le terrain, et *h-i* la trace perspective de la section du terrain par un plan vertical.

A cause du parallélisme existant entre les rayons du soleil et le tableau, du point *b*, ou le bâton touche le terrain, menez à la ligne de terre la parallèle indéfinie *b-c*.

Résultat.

Cette parallèle sera la trace de section du terrain par un plan vertical, qui contiendra le bâton, attendu qu'il est vertical, ainsi que tous les rayons de lumière qui pourraient être menés à ce bâton.

Par le point *a*, extrémité supérieure du bâton, menez le rayon *a-c*, formant avec *a-b* l'angle *c-a-b* égal au complément de celui que le rayon doit former avec le terrain, lequel angle ne doit pas être de plus de 64°, mais qui peut être moindre, à votre choix, par les raisons que nous en avons données au commencement de cette leçon.

Résultat.

Le point *c* sera le point d'ombre portée par le point *a*; et la ligne *b-c* serait l'ombre portée par le bâton entier sur le terrain, si le plan vertical *h-i* n'existait pas.

Du point *d* de rencontre de la ligne *h-i* par la parallèle *b-c*, élevez la verticale *d-e*, qui coupera en *e* le rayon.

Résultat.

La ligne *d-e* sera la portion d'ombre portée par le bâton sur le plan vertical ; et la ligne rompue *b-d-e*, l'ombre totale.

Tracé de l'ombre portée sur le terrain par un bâton, les rayons du soleil étant supposés venir d'abord d'arrière en avant du tableau, ensuite d'avant en arrière.

Soient *a-b* un bâton posé verticalement, *b* le point où ce bâton touche la surface du terrain, *g-h* l'horizon, *h* le point de vue, et *g* le point de distance. Fig. 2, Pl. 12.

Supposant que les rayons soient compris dans des plans qui seraient perpendiculaires au tableau : par le pied *b* du bâton, et par le point de vue *h*, menez indéfiniment la ligne *d-h*.

Résultat.

Elle sera la trace de la section du terrain par un plan vertical, qui contiendra le bâton et les rayons qui seraient menés à chacun de ses points, rayons dont toutes les projections horizontales seront sur cette ligne.

Par le point de vue *h*, tracez la verticale *e-f*.

Résultat.

Cette verticale, passant par le point évanouissant *h* des projections horizontales de tous les rayons, contiendra le point évanouissant de ces rayons mêmes.

Du point de distance *g*, menez la ligne *g-e*, formant avec l'horizon *g-h* l'angle d'inclinaison que vous voulez donner aux rayons par rapport au terrain.

Résultat.

La ligne *g-e* sera la parallèle menée de l'œil *g* du spectateur aux rayons, et le point *e* le point évanouissant et de concours de tous ces rayons et de tous ceux qui leur seraient parallèles.

Par le point de concours *e* et par le dernier point *a* du bâton, tracez la ligne *e-d*.

Résultat.

Le point *d* sera le dernier point de l'ombre portée sur le terrain par le bâton, le point *b* sera le premier, et la ligne *b-d* donnera la totalité de cette ombre.

Admettons maintenant que les rayons du soleil viennent d'avant en arrière du tableau, restant d'ailleurs dans le même plan vertical, et formant le même angle avec le terrain.

Par le point *g*, menez la ligne *g-f*, formant avec l'horizon *g-h* l'angle *f-g-h* égal à celui *e-g-h*.

Résultat.

Le point *f* sera le point évanouissant des rayons dans cette nouvelle direction.

Par le point *f* et celui *a*, tracez le rayon *f-a*.

Résultat.

Le point *c* sera celui de la rencontre du terrain par ce rayon, conséquemment l'ombre portée par le point *a ;* et *b-c* l'ombre totale du bâton.

Tracé de l'ombre portée par un bâton incliné par rapport au terrain, sur le plan du terrain et sur un plan vertical.

Fig. 3, Pl. 11.   Soient *a-b* la trace perspective du bâton, *b-i* la trace perspective de sa projection horizontale, *d-i* la section du terrain par le plan vertical, et *k* le point de vue.

Si vous conservez la direction des plans contenant les rayons perpendiculaires au plan du tableau, par les points *f* et *i* et par le point de vue *k* menez les lignes *e-k* et *c-k*.

Résultat.

Ces lignes seront les traces de la section du terrain par deux plans verticaux, dont l'un passera par l'extrémité *a* du bâton, puisque sa trace passe par le point *i*, extrémité de sa projection, et l'autre par l'un des points situés entre les extrémités du bâton, ayant pour projection le point perspectif *f*.

Des points *f* et *i* élevez les verticales *f-g* et *i-a*, et par ces points *g* et *a* et par celui *h*, point évanouissant des rayons que vous aurez déterminés, comme il a été indiqué dans les deux tracés précédents, menez les rayons *h-c* et *h-e*.

Résultat.

Les points *c* et *e* seront, l'un, l'ombre portée sur le terrain par le point *a*, l'autre, celle portée par le point *g*.

Par les points *b*, *e* et *c*, menez la ligne *b-e-c*.

Résultat.

Cette ligne serait l'ombre portée par le bâton sur le terrain, laquelle ligne serait droite, mais aurait été courbe si le bâton, au lieu d'être droit, eût été courbe.

Du point *d*, où la trace d'ombre *b-c* rencontre la section *d-i* du terrain par le plan vertical, au point *a*, où le bâton touche ce plan, menez la ligne *d-a*.

Résultat.

La trace *d-a* sera celle de l'ombre portée par le bâton sur le mur vertical, et l'ombre totale sera la ligne brisée *b-d-a*.

Tracé de l'ombre portée par une table sur le terrain et sur un mur vertical, les rayons de lumière venant d'un flambeau. Fig. 2, Pl. 13.

Par le point *a*, trace perspective de la projection horizontale du point lumineux *b*, et par les points perspectifs e et c, projections des angles p et m de la table, ainsi que par les points d et h, projections des angles n et q, menez indéfiniment k-r et h-i.

Résultat.

Ces lignes seront les traces perspectives de deux plans verticaux, dont l'un passera par les angles p et m, et l'autre par ceux n et q. Ces deux plans, se coupant l'un l'autre suivant la verticale *a-b*, contiendront tous deux le point lumineux *b*, situé sur cette verticale, et les rayons de lumière qui seront menés de ce point aux quatre angles de la table.

Du point b, et par chacun de ces angles, menez les rayons b-k, b-h, b-t et b-o; des points r et s, où les traces k-r et h-s des deux plans verticaux rencontrent celle l-v du mur vertical, élevez les verticales r-l et s-o.

Résultat.

Les points k et h, où les rayons b-k et b-h rencontrent les traces k-t et h-s des plans qui les contiennent, seront les ombres portées sur le terrain par les angles p et q; et les points l et o de rencontre des verticales r-l et s-o, et des rayons b-t et b-o, seront les ombres portées sur le mur vertical par les angles m et n.

Du point k au point h, tracez la ligne k-h, et du point o au point l, celle o-l.

Résultat.

Celle-ci sera l'ombre portée sur le mur vertical par le côté n - m de la table; et celle - là, l'ombre portée par le côté p-q.

Des points h et k, menez parallèlement à la ligne de terre les lignes h-v et k-l; et des points v et l de rencontre de la trace v-i du mur, les lignes v-l et i-o.

Résultat.

Les lignes rompues h-v-l et k-i-o seront les ombres portées par les côtés q-m et p-n sur le terrain et sur le mur vertical; ainsi le polygone h-v-l-o-i-k-h sera l'espace perspectif privé de lumière par l'interception de ses rayons par la table.

FIN DE LA 6e ET DERNIÈRE LEÇON.

NOTES.

—

(A) Cette leçon, dans laquelle nous avons essayé de suivre la nature dans sa marche vers le but qu'elle s'était proposé, qui était celui de nous faire voir les objets qu'elle a créés, démontre, ce nous semble, que cette marche a été la plus simple, la plus courte et la plus directe qu'il ait été possible de suivre. Toutes les fois que l'on observe ses moyens, on reconnaît que c'est ainsi qu'elle a toujours procédé dans l'accomplissement de ses œuvres, même les plus grandes et les plus admirables. Fontenelle a consacré cette vérité dans ses entretiens sur la pluralité des mondes, où il dit :

« Elle (la nature) est d'une épargne extraordinaire; tout ce
» qu'elle pourra faire d'une manière qui lui coûtera un peu
» moins, quand ce moins serait presque rien, soyez sûre qu'elle
» ne le fera que de cette manière-là. Cette épargne, néanmoins,
» s'accorde avec une magnificence surprenante, qui brille dans
» tout ce qu'elle a fait. C'est que la magnificence est dans le
» dessin et l'épargne dans l'exécution. Il n'y a rien de plus
» beau qu'un grand dessin que l'on exécute à peu de frais. Nous
» autres, nous sommes sujets à renverser souvent tout cela dans
» nos idées. Nous mettons l'épargne dans le dessin qu'a eu la
» nature et la magnificence dans l'exécution. Nous lui donnons
» un petit dessin qu'elle exécute avec dix fois plus de dépense
» qu'il ne faudrait; cela est tout-à-fait ridicule »

(B) Le *plan* ou la *projection horizontale* d'un point situé dans l'espace est un point a', fig. 34, planche 1, pied de la perpendiculaire abaissée de ce point dans l'espace, sur le plan horizontal de projection et *l'élévation* ou la *projection verticale* du même point, est le point a'', où la perpendiculaire menée de ce point au plan vertical de projection rencontre ce plan.

Pour former ces projections, supposons que le point qui en fait l'objet soit l'angle d'un solide quelconque suspendu ou tenu élevé dans l'intérieur d'une chambre dont nous prendrons le plancher pour plan horizontal de projection, et pour plan vertical de projection, un plan que nous supposerons passer par la ligne y-x, qui sera dans ce cas la section commune des deux plans coordonnés.

Appliquant sur le plan ou angle solide dans l'espace un fil à plomb, et laissant glisser ce fil jusqu'à ce que le plomb rencontre le plancher, ce qui, dans ce cas, aurait lieu au point a', que nous avons supposé être sa projection horizontale. Nous marquerons ce point de contact, et nous aurons déterminé ainsi sa projection horizontale.

De cette projection nous mènerons indéfiniment à x-y la perpendiculaire $a'\,a''$, puis mesurant la hauteur de l'angle au-dessus du plancher, et portant cette hauteur depuis la section commune x-y sur la perpendiculaire, nous aurons le point a'' pour projection verticale cherchée, de l'angle solide.

En procédant ainsi pour chacune des deux extrémités d'une ligne droite, on aura sur chacun des deux plans de projections les projections de ces deux extrémités, et les lignes qui joindront sur chacun des plans coordonnés ces deux projections, seront les projections de la ligne entière située dans l'espace.

Si l'on détermine ainsi autant de points que l'on voudra d'une ligne courbe, et que par ces points on fasse passer des traces, elles seront les projections des lignes courbes.

Les projections de plusieurs lignes donneront les projections des surfaces qu'elles limitent, comme celles des surfaces donneront celles des solides.

Ce principe étant connu, si l'on avait à faire le plan et l'élévation d'une chambre et de son ameublement, on commencerait par tracer les lignes formées par la rencontre des murs avec le plancher, ayant soin de dessiner approximativement les angles qu'elles forment entre elles, et de coter chaque ligne du nombre de toises, pieds, pouces et lignes qu'auront donnés les mesures que l'on aura prises.

On dessinera de la même manière toutes les lignes formées sur le plancher par les joints des dalles, du carreau ou du parquet, et leurs longueurs et les distances entre elles seront exactement cotées.

Si les lignes qui sont sur le plancher forment des figures irrégulières, comme le feraient celles d'un tapis dont ce plancher pourrait être garni, on divisera l'espace qu'il occupe sur le plancher en carrés dont tous les côtés seront égaux, et cet espace, ainsi divisé et mis en perspective, formera des aires ou aréoles dans lesquels il sera facile de dessiner les figures des carrés correspondants du type craticulaire : on sent bien que toutes ces lignes étant tracées sur le plancher que nous avons choisi pour plan horizontal de projection, n'ayant aucune épaisseur, n'ont aucune élévation et n'ont point de projection verticale.

On formera sur le plancher la projection horizontale de chacun des meubles que l'on voudra faire figurer dans le tracé de la perspective de la chambre, en employant le fil à plomb dont nous avons parlé au commencement, si la forme de ces meubles exige l'emploi de ce moyen ou si ils ont des saillies plus fortes que leurs bases, ou bien encore si l'on veut les placer dans des dispositions extraordinaires, comme celle à demi renversée, etc. **Le fil à plomb donnera**, en le mesurant, la hauteur de chacun de leurs angles au-dessus du plancher, on aura soin de coter ces élévations sur les projections verticales que l'on formera de ces meubles.

Si deux lignes formées sur le plancher comprennent un angle entre elles, on aura soin d'en joindre les extrémités opposées à l'angle par une troisième ligne, qui formera avec elles un triangle dont on mesurera et cotera les trois côtés, et ce triangle rapporté donnera graphiquement la valeur des angles compris.

D'après le même principe, et suivant la même marche, on formera l'élévation de chacun des pans de murs, qui limitent la chambre, traçant sur ces murs non—seulement toutes les lignes qui peuvent être considérées comme étant comprises dans le plan de sa surface intérieure, mais encore toutes celles formées par les corps qui s'y attachent, comme corniches, cimaises, plinthes, tableaux, chambranles de portes, de cheminées, glaces, portes, croisées, etc.

Les longueurs de toutes ces lignes seront cotées, ainsi que leurs distances perpendiculaires, au-dessus de la ligne d'intersection de ces murs avec le plancher, ce qui donnera leur élévation au-dessus de l'horizon et les distances horizontales de la ligne verticale, formant l'intersection de ces murs avec celui qui lui est contigu, à droite ou à gauche, ce qui fixera la véritable position de ces lignes sur ces murs.

Pour peu que le nombre des lignes à tracer sur ces murs qui peuvent être considérés comme plans verticaux de projections, et sur le plancher ou plan horizontal de projection soit considérable, si on y traçait encore les projections des différents meubles ou ustensiles qui se trouveraient dans la chambre, ou que l'on voudrait y placer, il s'établirait une confusion telle, que l'on ne distinguerait que très-difficilement les lignes qui appartiendraient à telles ou telles de ces projections. Pour éviter cette confusion, on pourra prendre un ou plusieurs autres plans horizontaux et verticaux de projection, sur lesquels on fera autant de projections séparées, construites sur la même échelle commune au tableau et à tous ces plans.

L'inconvénient dont on vient de parler peut aussi se rencontrer dans le tracé de la perspective. On y obviera en traçant à l'encre la perspective qu'on aura pu déterminer sans confusion, en effaçant ensuite les lignes de construction qui ont servi à cette partie du tracé, conservant toutefois les lignes de terre et d'horizon, et les points de vue et de distance.

Ce que l'on appelle la coupe d'un bâtiment ou d'un solide quelconque, n'est autre chose que la figure qui résulterait de la section du bâtiment ou du solide dans quelque sens que ce soit, par un plan, figure formée par les lignes d'intersection de ce plan et de ces solides, pour faire voir des parties intérieures qui sans ce moyen ne pourraient êtres vues : on projette alors sur ce plan l'une ou l'autre partie du bâtiment ou solide ainsi séparé.

(C) La perspective peut être considérée comme divisée en trois parties : La perspective ordinaire, la perspective curieuse, et les anamorphoses.

Lorsqu'un tracé de perspective doit être fait sur une surface plane, mais inclinée de quelque manière que ce soit par rapport à l'œil du spectateur, ou au terrain, ou sur une surface cylindrique, conique ou sphérique, etc. Ce tracé devient l'objet de la perspective curieuse.

L'anamorphose est une projection monstrueuse faite sur un ou plusieurs plans inclinés aussi d'une manière quelconque par rapport à l'œil et au terrain, où sur une surface à simple ou à double courbure, laquelle projection, vue d'un point donné, paraît avoir des formes régulières et des proportions exactes.

(D) Par une analogie que l'on saisira sans peine, et une conséquence inévitable de ce qui a été dit sur les points évanouissants des lignes, on concevra que tout plan horizontal doit s'évanouir suivant la ligne d'horizon et rencontrer le tableau suivant une ligne horizontale ou parallèle à la ligne de terre ; que tout plan vertical perpendiculaire au tableau, a pour ligne évanouissante une verticale passant par le point de vue et rencontre le tableau suivant une verticale, que la verticale passant par le point de distance, est la ligne évanouissante des plans verticaux qui forment avec le plan du tableau un angle de 45°, et ainsi des autres plans, suivant l'analogie de leurs directions avec celles des lignes. Ceci peut être utile à remarquer, mais n'étant pas indispensable, nous n'en avons pas fait mention dans le cours de ces leçons que nous avons pris soin de dégager de tout ce qui pouvait fatiguer la mémoire. En appelant seulement l'attention sur ces rapports, celui qui voudra y réfléchir pourra en déduire des moyens d'abréviation pour l'exécution du tracé.

LÉGENDE EXPLICATIVE

Des Figures des Planches jointes à ces leçons, et qui ne sont pas relatives aux démonstrations qui y sont faites.

On peut regarder la plupart de ces figures, tracées pour l'ouvrage dont ces leçons ont été extraites, comme les données de problèmes à résoudre, dont la solution sera d'autant plus facile que les lignes de construction aideront à la trouver.

PLANCHE 1.

Fig. 1. Si la distance entre plusieurs objets visibles n'est aperçue que sous des angles insensibles, tous ces objets ne paraîtront qu'un même corps continu.

Fig. 2. Si l'œil est placé au-dessus d'un plan horizontal, les objets paraîtront s'élever proportionnellement à leur éloignement de l'œil, jusqu'à ce qu'enfin ils semblent être de niveau avec lui.

Fig. 3. Le contraire arrive si les objets sont placés au-dessus de l'œil.

Fig. 4. Si l'œil est dans la direction d'une ligne droite, cette ligne aura pour lui l'apparence d'un point.

Fig. 5. Si l'œil est dans le prolongement d'une surface plane, elle aura pour lui l'apparence d'une ligne.

Fig. 6. S'il ne peut arriver à l'œil que les rayons réfléchis par l'une des surfaces d'un corps, ce corps n'aura pour cet œil que l'apparence de cette surface.

Fig. 7. L'œil situé dans le prolongement du plan d'un cercle, n'aperçoit ce cercle que comme une ligne droite.

Fig. 8. Un cercle situé dans un plan incliné par rapport à l'œil, a pour lui l'apparence d'un ovale.

Fig. 9. L'ombre portée est déterminée par les rayons de lumière, qui laissent le corps lumineux et le corps opaque du même côté. La penombre est déterminée par les rayons de lumière qui laissent le corps lumineux d'un côté et le corps opaque de l'autre.

Fig. 10. Ligne droite.

Fig. 11. Cercle, diamètre, rayons, cordes, arcs, tangentes perpendiculaires, carré, angles.

Fig. 12. Triangle scaléne rectangle.

Fig. 13. Triangle équilatéral.

Fig. 14. Triangle isocèle.

Fig. 15. Parallélogramme.

Fig. 16. Losange.

Fig. 17. Trapèze.

Fig. 18 *et* 19. Polygones.

Fig. 20. Ellipse.

Fig. 21, 22, 23, 24, 25, 26, 27 *et* 28. Génération des surfaces et des solides, du plan, du cube, du cylindre, du cône, de la sphère, du sphéroïde et des surfaces de révolution.

Fig. 29 *et* 30. Des projections du point et de celles de la ligne, des plans de projection.

Fig. 31. L'angle que forme une ligne avec un plan a pour mesure celui compris entre cette ligne et sa projection sur ce plan.

Fig. 32. L'angle formé par deux plans a pour mesure celui compris entre deux perpendiculaires menées au même point *i* de leur section commune *d-b*.

Fig. 33. La perpendiculaire *a - b* à un plan est perpendiculaire à toutes les lignes menées dans ce plan par le pied *b* de cette perpendiculaire.

Fig. 34, 35, 36, 37, 38, 39, 40 *et* 41. Projections du point, des lignes, leurs rencontres avec les plans de projection. (Géométrie descriptive.)

Fig, 42, 43, 44 *et* 45, employées à la démonstration dans les leçons qui précèdent.

Fig. 46, relative au point de vue.

PLANCHE 2.

Fig. 1 *et* 2, reconstruite pour les leçons.

Fig. 3. Détermination du point accidentel d'une ligne horizontale.

Fig. 4. Détermination d'une ligne inclinée, reconstruite pour ces leçons.

Fig. 5. Plus l'angle que forme une fuyante avec le tableau est petit, et plus il est nécessaire de déterminer deux de ses points pour tracer sa perspective.

Fig. 6. Le point accidentel d'une ligne horizontale est toujours sur l'horizon.

Fig. 7 *et* 8. Moyen de rapprocher le point de distance du point de vue.

Fig. 9, 10, 11 *et* 12. Démonstration et usage de l'échelle de dégradation.

Fig. 13. Tracé de la perspective de lignes inclinées parallèles au tableau.

PLANCHE 3.

Fig. 1. Tracé de la perspective d'un carré dont la diagonale est perpendiculaire au tableau.

Fig. 2. Tracé d'un triangle au moyen des points accidentels.

Fig. 3. Tracé d'un carreau dont les joints sont perpendiculaires au tableau.

Fig. 4. Tracé d'un carreau dont les diagonales sont perpendiculaires au tableau.

Fig 5. Tracé de carreaux hexagones dont les faces sont parallèles au tableau.

Fig. 6. Tracé de carreaux vus sur l'un de leurs angles.

Fig. 7. Tracé de la perspective d'un cercle et d'un octogone.

Fig. 8. Tracé de la perspective d'une étoile à 16 pointes.

Fig. 9. Tracé de la perspective d'une chambre et des lignes tracées sur le plancher, les murs et le plafond.

PLANCHE 4.

Fig. 1. Tracé du plan de l'élévation et de la perspective d'un cube élevé au-dessus de l'horizon.

Fig. 2 *et* 3. *Idem* d'un cube dont la diagonale serait verticale.
Fig. 4. *Idem* d'un cylindre dont l'axe est vertical.
Fig. 5. *Idem* de l'élévation et de la perspective d'un cylindre vertical, coupé par un plan incliné par rapport à son axe.
Pig. 6 *et* 7. *Idem* d'un cylindre incliné et dont l'axe est parallèle au tableau.
Fig. 8. *Idem* d'un cône droit et d'un cône dont l'axe est incliné.
Fig. 9. *Idem* d'un cône droit tronqué.
Fig. 10. Tracé de la perspective d'une pyramide quadrangulaire.
Fig. 11. *Idem* d'une pyramide triangulaire dont l'axe est incliné.
Fig. 12 *et* 13. *Idem* d'une pyramide quadrangulaire renversée.

PLANCHE 5.

Fig. 1. Projections d'une sphère, déterminant les deux diamètres de l'ellipse suivant laquelle elle est toujours aperçue lorsque le centre de la sphère n'est pas situé sur la perpendiculaire au tableau qui va de l'œil au point de vue.
Fig. 2. Perspective des deux diamètres de l'ellipse formant l'apparence de la sphère et de sa courbe apparente dans la position indiquée pour l'œil du spectateur,
Fig. 3 *et* 4. Tracés perspectifs de la sphère par le moyen du tracé perspectif de ses grands cercles.
Fig. 5, 6, 7 *et* 8. Tracés de marches droites et circulaires, saillantes et rentrantes.
Fig. 9. Tracé de la perspective d'un escalier sans limons, dans une cage carrée.
Fig. 10 *et* 11. Tracé de la perspective d'une croix simple et d'une croix à doubles croisillons.

PLANCHE 6.

Fig. 1. Tracé de la perspective d'un escalier en vis à jour, sans limon.
Fig. 2. *Idem* d'une croix à double croisillon évidée.
Fig. 3. *Idem* d'une croix inclinée par rapport au tableau.
Fig. 4, 5 *et* 6. *Idem* d'une croix inclinée par rapport au tableau et à l'horizon.
Fig. 7 *et* 8. *Idem* d'un thore, d'une plinthe et d'un piédestal de l'ordre toscan.

PLANCHE 7.

Fig. 1. Tracé de la perspective du chapiteau d'une colonne toscane.
Fig. 2. *Idem* d'un entablement d'ordre toscan.
Fig. 3. *Idem* de portes plein cintre dans des murs droits.
Fig. 4. Moyen de déterminer les points accidentels des lignes inclinées et leurs rencontres avec le tableau.

Du tracé de la perspective des courbes qui résultent de la pénétration de toutes espèces de voûtes.

PLANCHE 8.

Fig. 1. Tracé de la perspective de voûtes plein cintre rachetant une voûte surbaissée.

Fig. 2. Pénétration d'une voûte surbaissée dont l'axe est parallèle au tableau par une voûte plein cintre dont l'axe lui est perpendiculaire.

Fig. 3. Perspective d'une porte percée dans une tour ronde.

Fig. 4. *Idem* de pleins cintres rachetant une voûte sphérique.

Fig. 5 *et* 6. Projections de courbes de pénétration.

Fig. 7. Tracé de la perspective de cannelures sur la portion sphérique d'une niche.

PLANCHE 9.

Du moyen de tracer la perspective de toutes espèces d'ornement, de tableaux ou bas-reliefs sur les plans perspectifs, sur les voûtes ou autres surfaces courbes ou à double courbure.

Fig. 1. Carrés perspectifs sur une surface cylindrique, ou ectype craticulaire sur lequel on trace les figures ou portions de figure contenues dans chacun des carrés correspondants du prototype.

Fig. 2. Moyen de former le tracé d'un ectype craticulaire sur la surface sphérique d'une voûte.

Fig. 3. Tracé perspectif de la courbe de pénétration d'une voûte sphérique par une voûte cylindrique dont l'axe ne passe point par le centre de la sphère.

Fig. 4. Tracé de la perspective de voûtes d'arête.

Fig. 5 *et* 6. Tracé perspectif de carrés formant sur une voûte cylindrique l'ectype du prototype, fig. 6.

Fig. 7. Tracé de la perspective de portes et croisées dont les ventaux sont ouverts suivant différents degrés du cercle.

PLANCHE 10.

Fig. 1, 2, 3 et 4. Démonstration de quelques principes de catoptrique relatifs à la réflexion des objets par les miroirs plans, les surfaces polies ou les eaux.

Fig. 5. Tracé perspectif de la réflexion d'un solide par la surface de l'eau.

Fig. 6. *Idem* par les surfaces de glaces parallèles et diversement inclinées par rapport au tableau.

Fig. 7. Usage des échelles de dégradation pour la détermination des hauteurs apparentes de toutes les figures d'un tableau, suivant leur éloignement de son plan.

Fig. 8. Tracé perspectif à l'aide duquel on peut déterminer la position respective de deux figures qui se montrent et se regardent.

Fig. 9. La trace perspective *a - b* d'une ligne étant connue, tracer la perspective d'une autre ligne *a-f* qui lui soit perpendiculaire; et moyen de former les plans ou projections horizontales de ces lignes d'après leurs traces perspectives.

Fig. 10. Tracer la perspective d'une trape et d'un châssis à tabatière ouvert suivant des angles quelconques.

PLANCHE 11.

Fig. 1. Déterminer les traces perspectives de l'ombre portée par un bâton sur le terrain et sur un mur vertical, les rayons du soleil étant parallèles au tableau.

Fig. 2. *Idem*, les rayons du soleil venant d'arrière en avant et d'avant
en arrière du tableau.

Fig. 3. Tracé de l'ombre portée par un bâton incliné sur le terrain et
sur un mur vertical, les rayons venant d'arrière en avant.

Fig. 4. Tracé perspectif de l'ombre portée par un cube sur le terrain
et sur des marches.

Fig. 5. *Idem* de l'ombre portée par une table circulaire sur le terrain.

Fig. 6. La hauteur d'une figure étant connue et cette figure tracée sur
un tableau, déterminer sa grandeur sur la superficie du tableau
et les dimensions relatives de toutes les parties accessoires que
l'on doit y faire paraître.

Fig. 7. Un portrait en pied étant tracé, déterminer les grandeurs que
doivent avoir les parties des édifices qui formeraient le fond du
tableau.

Fig. 8. Faire un tracé de perspective au moyen des simples projections
des rayons.

PLANCHE 12.

Fig. 1. Lumière produite dans un intérieur par les rayons du soleil venant d'arrière en avant du tableau.

Fig. 2. Déterminer les angles que doivent former les rayons du soleil
avec le tableau et avec l'horizon. (Problème de géométrie descriptive.)

Fig. 3. Tracé perspectif de l'ombre portée par un cône sur le terrain,
sur des marches, sur des plans inclinés et sur un plan vertical.

Fig. 4. *Idem* par un bâton sur une partie circulaire rentrante.

Fig. 5. *Idem* sur la surface extérieure d'un cylindre.

Fig. 6. Tracé perspectif de l'ombre portée par une croix sur un cylindre et sur un mur.

PLANCHE 13.

Fig. 1. Tracé perspectif de l'ombre portée par un parallélipipède sur
des marches et sur un plancher, la lumière provenant d'un
flambeau,

Fig. 2. *Idem* de l'ombre portée par une ferme en fer sur une voûte cylindrique, et par une table sur le plancher et sur un mur vertical, la lumière provenant d'un flambeau placé sur cette table.

Fig. 3. Tracé perspectif de l'ombre portée par des fermes sur les plans
inclinés d'un comble, et par une échelle sur des plans horizontaux, verticaux et inclinés, la lumière provenant d'un point A.

Fig. 4. *Idem* par une cage en fer, sur le plancher, le mur et le plafond
d'une salle.

Fig. 5. Moyen de déterminer dans le tableau le point par lequel passerait une fuyante qui aboutirait à un point de distance très-
éloigné.

Fig. 6. Moyen d'exécuter toutes sortes de tracés perspectifs, connu
sous la désignation de *perspective aux petits pieds*.

PLANCHE 14.

Fig. 1. Tracé perspectif de l'ombre portée sur la surface intérieure
d'une niche cylindrique recouverte par une portion de voûte
sphérique, par le cintre de face et l'arête de la niche.

Perspective curieuse.

Fig. 2, 3 *et* 4. Plan, élévation et perspective d'un cube, tracé par la méthode des projections ; détermination de l'ombre portée par ce cube ; preuve que les résultats obtenus par cette méthode sont absolument les mêmes que ceux obtenus par les moyens employés dans les tracés de la perspective ordinaire.

Fig. 5 *et* 6. Tracé de la perspective d'un cube sur un plan incliné par rapport à l'horizon.

Fig. 7. Moyen de vérifier l'exactitude du tracé : la figure A aura pour l'œil placé en B l'apparence exacte d'un cube.

Fig. 8 *et* 9. Tracé de la perspective d'un solide sur un plan incliné en sens contraire à celui de la figure 6.

PLANCHE 15.

Fig. 1 *et* 2. Prototype et ectype d'une anamorphose tracée sur une pyramide quadrangulaire.

Fig. 3, 4 *et* 5. *Idem* sur un cône.

Fig. 6 *et* 7. *Idem* sur un plan horizontal.

Fig. 8 *et* 9. Tracé d'un ectype sur la surface convexe d'une sphère.

PLANCHE 16.

Fig. 1 *et* 2. Plan, élévation et tracé perspectif d'une pyramide sur un plan vertical, mais incliné par rapport à l'œil du spectateur.

Fig. 3 *et* 4. Plan, élévation et tracé perspectif d'une table sur un plan incliné par rapport à l'horizon et par rapport à l'œil du spectateur.

Fig. 5 *et* 6. Plan, élévation et tracé perspectif d'une croix sur un plan horizontal, l'œil du spectateur étant placé au-dessus dudit plan.

Fig. 7 *et* 8. *Idem* sur un plan horizontal, l'œil étant placé au-dessous de ce plan.

Fig. 9 *et* 10. Plan, élévation et tracé perspectif d'un portique sur la surface extérieure d'un cylindre.

Fig. 11, relative à quelques considérations sur la perspective du théâtre.

PLANCHE 17.

Fig. 1 *et* 2. Plan, élévation et tracé perspectif d'un solide sur la surface intérieure d'un cylindre.

Fig. 3 *et* 4. *Idem* d'une façade sur plusieurs plans verticaux inclinés les uns par rapport aux autres.

Fig. 5 *et* 6. *Idem* d'une croix sur la surface de doelle d'une voûte cylindrique.

Fig. 7 *et* 8. *Idem* d'une croix sur la surface de doelle d'une voûte sphérique.

Fig. 9, 10 *et* 11. Tracé du prototype, de l'ectype et d'une figure sur un plan incliné par rapport à l'horizon et à l'œil du spectateur.

PLANCHE 18.

Fig. 1. Démonstration du principe du tracé des anamorphoses.

Fig. 2 , 3, *4 et* 5. Tracé d'un *néorama* ou perspective de l'intérieur d'un édifice sur la surface intérieure d'un cylindre.

Fig. 6 *et* 7. Moyen d'opérer un tracé de perspective sur la surface intérieure d'un cône.

Dans tous ces tracés de perspective curieuse, les objets plus ou moins déformés, suivant la nature de la surface sur laquelle ils sont exécutés et la position donnée de l'œil du spectateur, doivent avoir pour cet œil la même apparence que celle qu'ils auraient eue, si ces tracés eussent été faits sur un plan vertical, ainsi qu'on le pratique dans la perspective ordinaire : ces objets auront donc leurs apparences conformes aux lois naturelles de la vision.

7

TABLE

PAR ORDRE DES MATIÈRES.

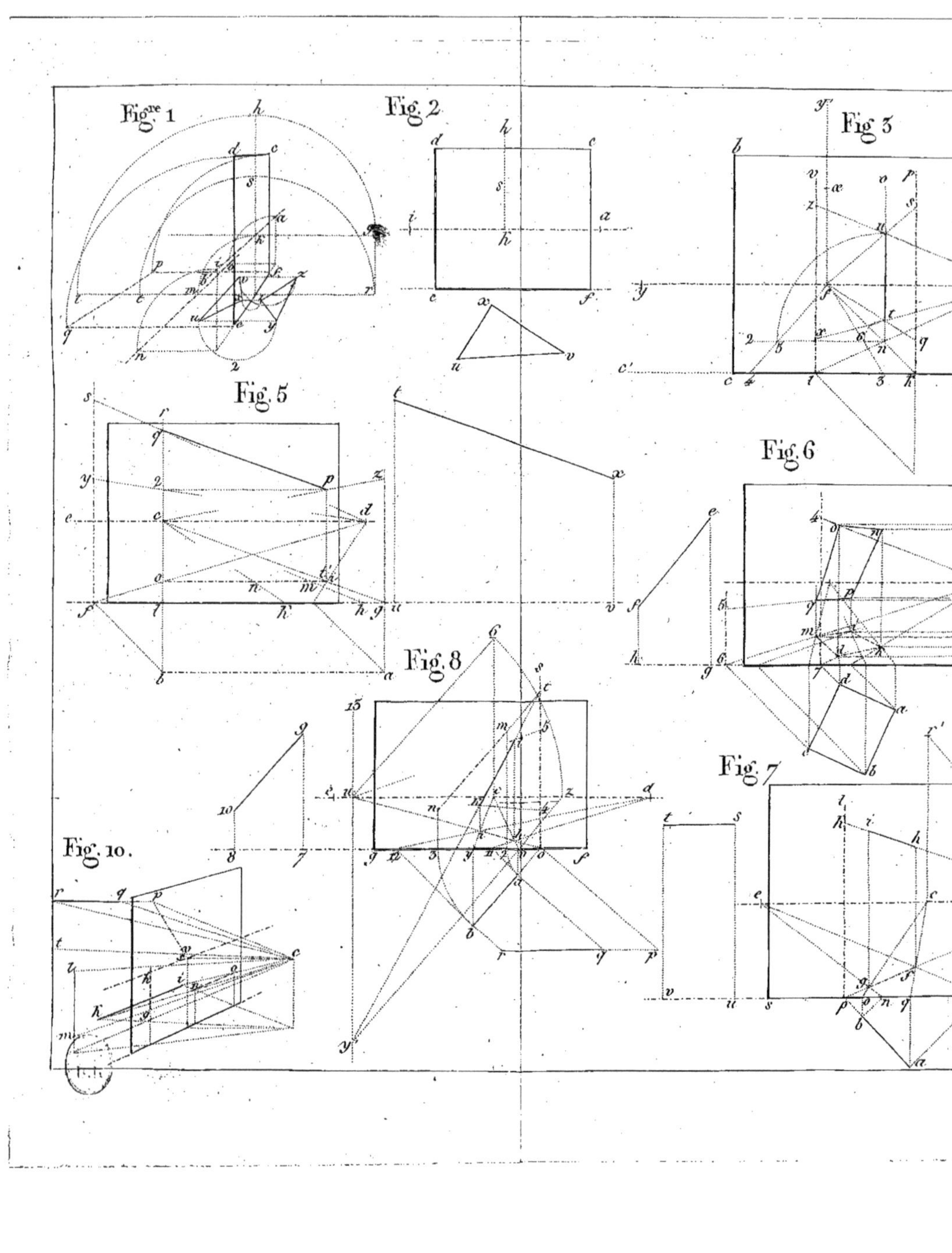

Fig.re 1
Fig. 2
Fig. 3
Fig. 5
Fig. 6
Fig. 8
Fig. 7
Fig. 10

Planche A

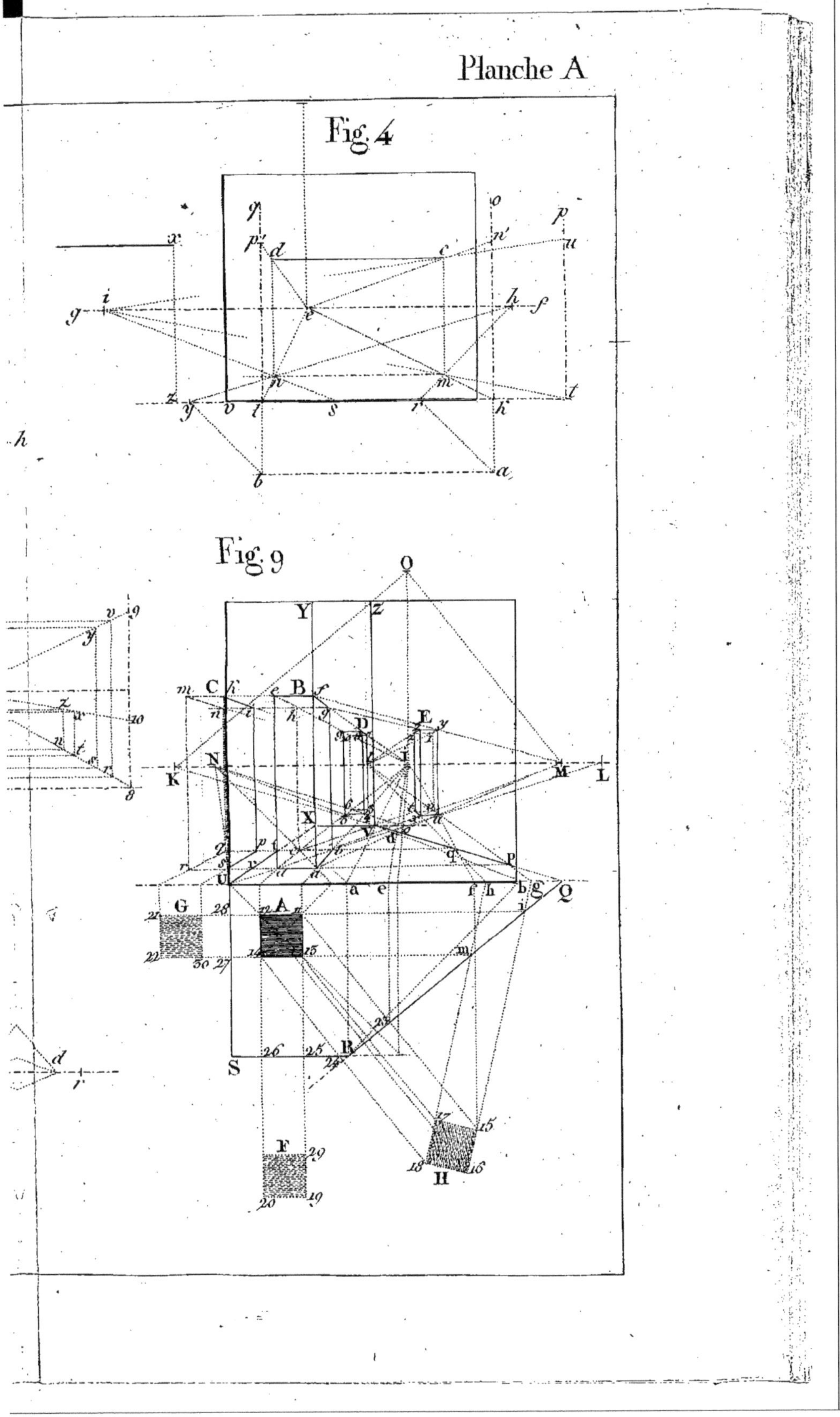

Fig. 4
Fig. 9

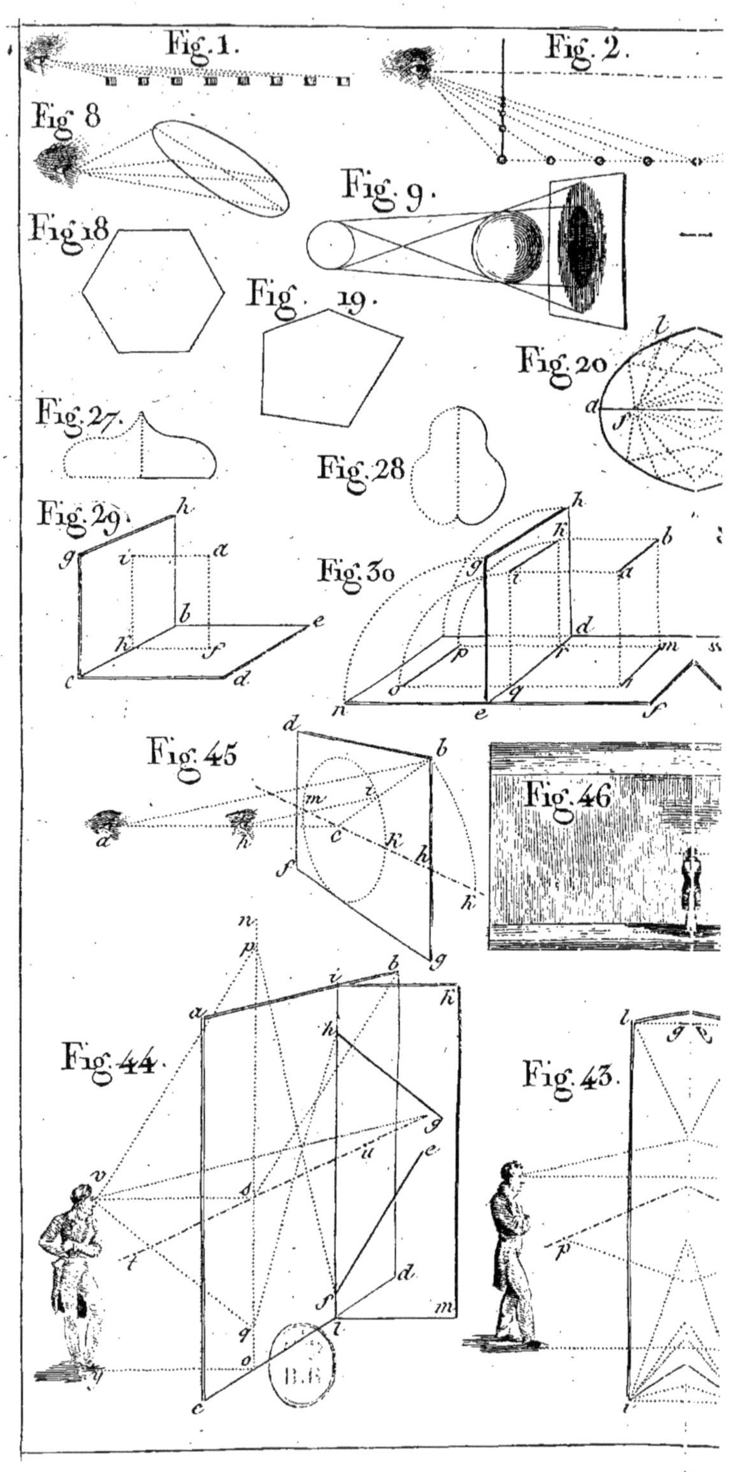

Fig. 1.
Fig. 2.
Fig. 8
Fig. 9.
Fig. 18
Fig. 19.
Fig. 20
Fig. 27.
Fig. 28.
Fig. 29.
Fig. 30.
Fig. 45
Fig. 46
Fig. 44.
Fig. 43.

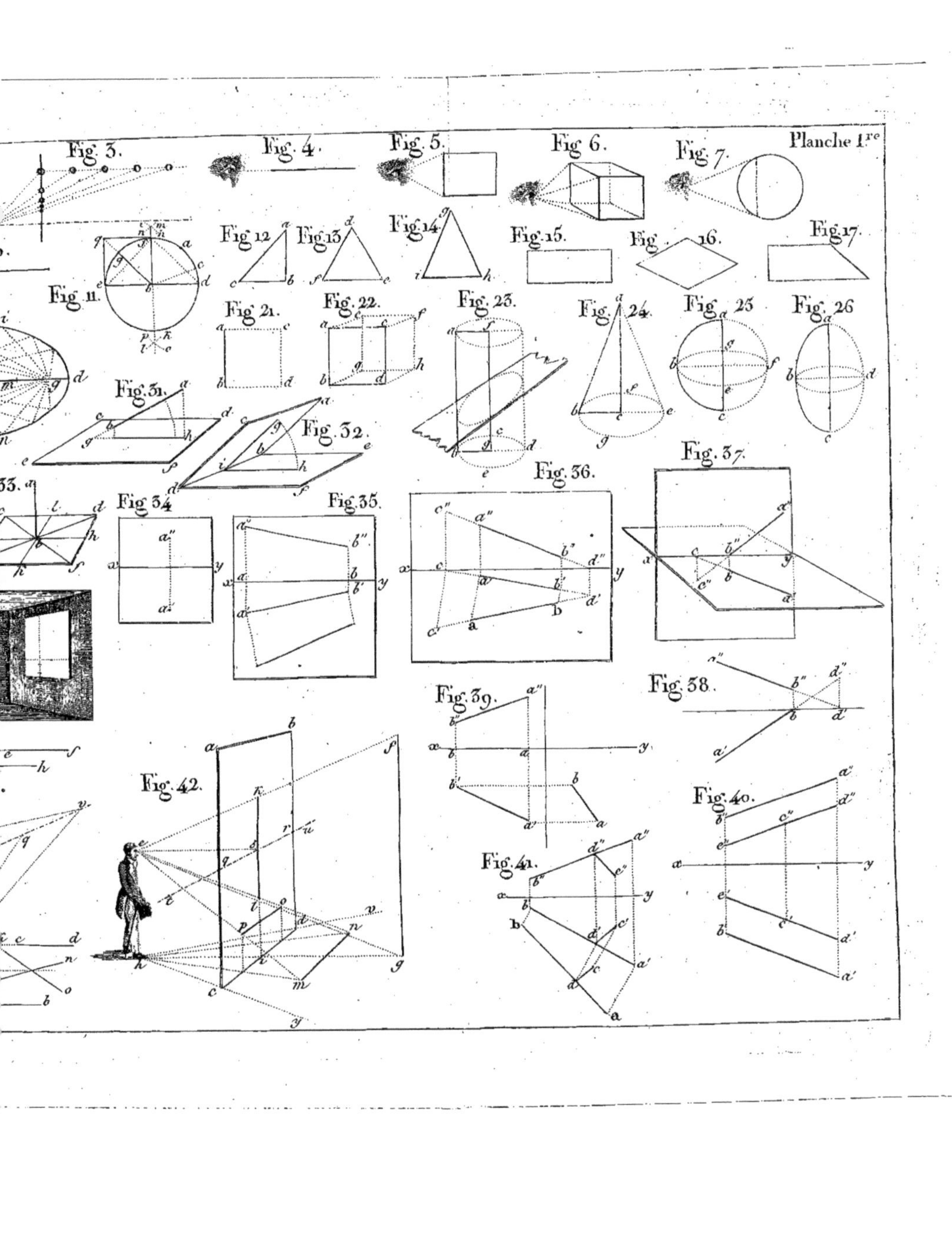

Fig. 3.
Fig. 4.
Fig. 5.
Fig 6.
Fig. 7.
Planche 1re
Fig 12
Fig.13
Fig.14
Fig.15
Fig. 16.
Fig.17.
Fig. 11.
Fig. 21.
Fig. 22.
Fig. 23.
Fig. 24.
Fig. 25
Fig. 26
Fig. 31.
Fig. 32.
Fig. 37.
Fig. 36.
Fig. 34
Fig. 35.
Fig. 38.
Fig. 39.
Fig. 42.
Fig. 40.
Fig. 41.

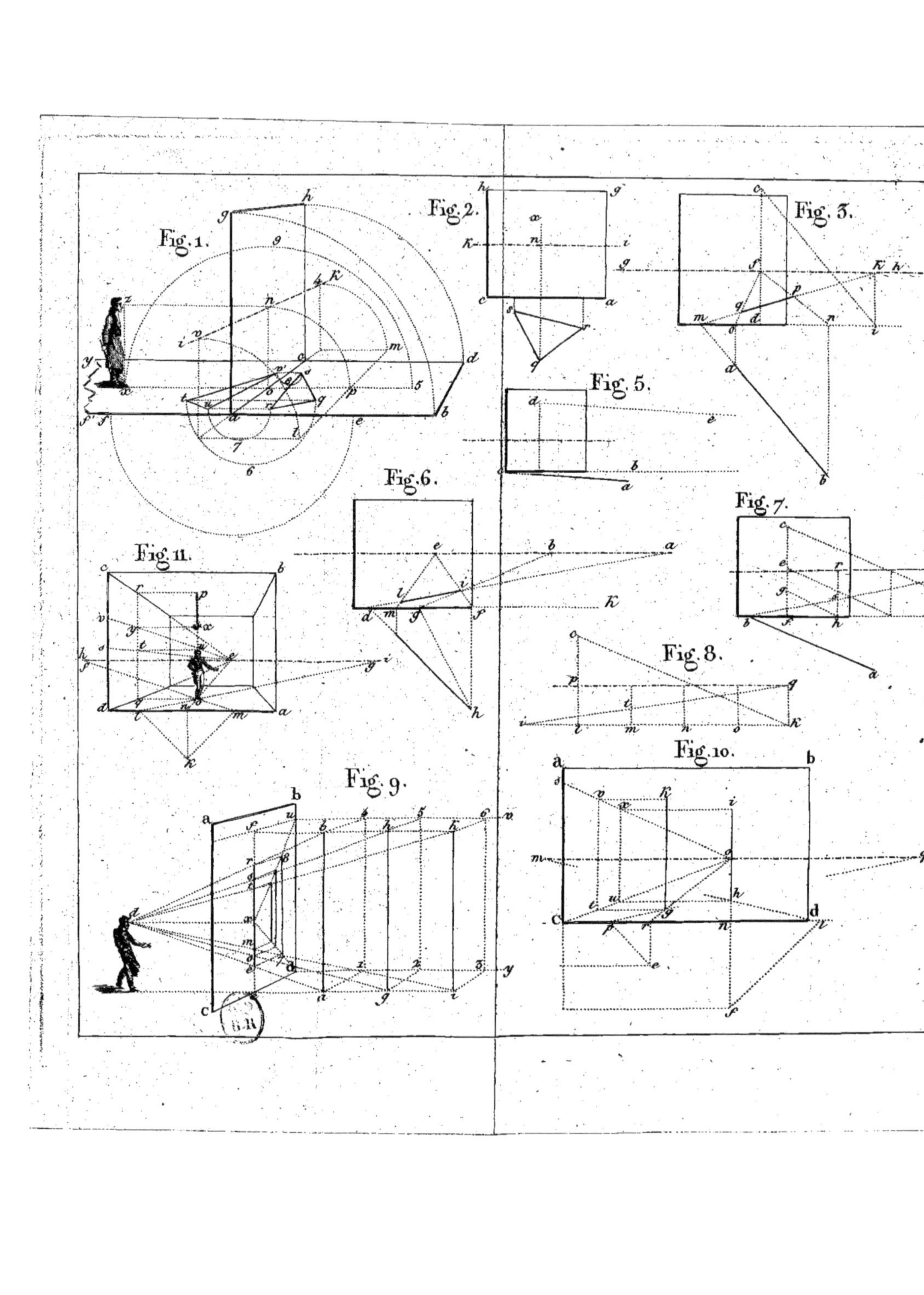

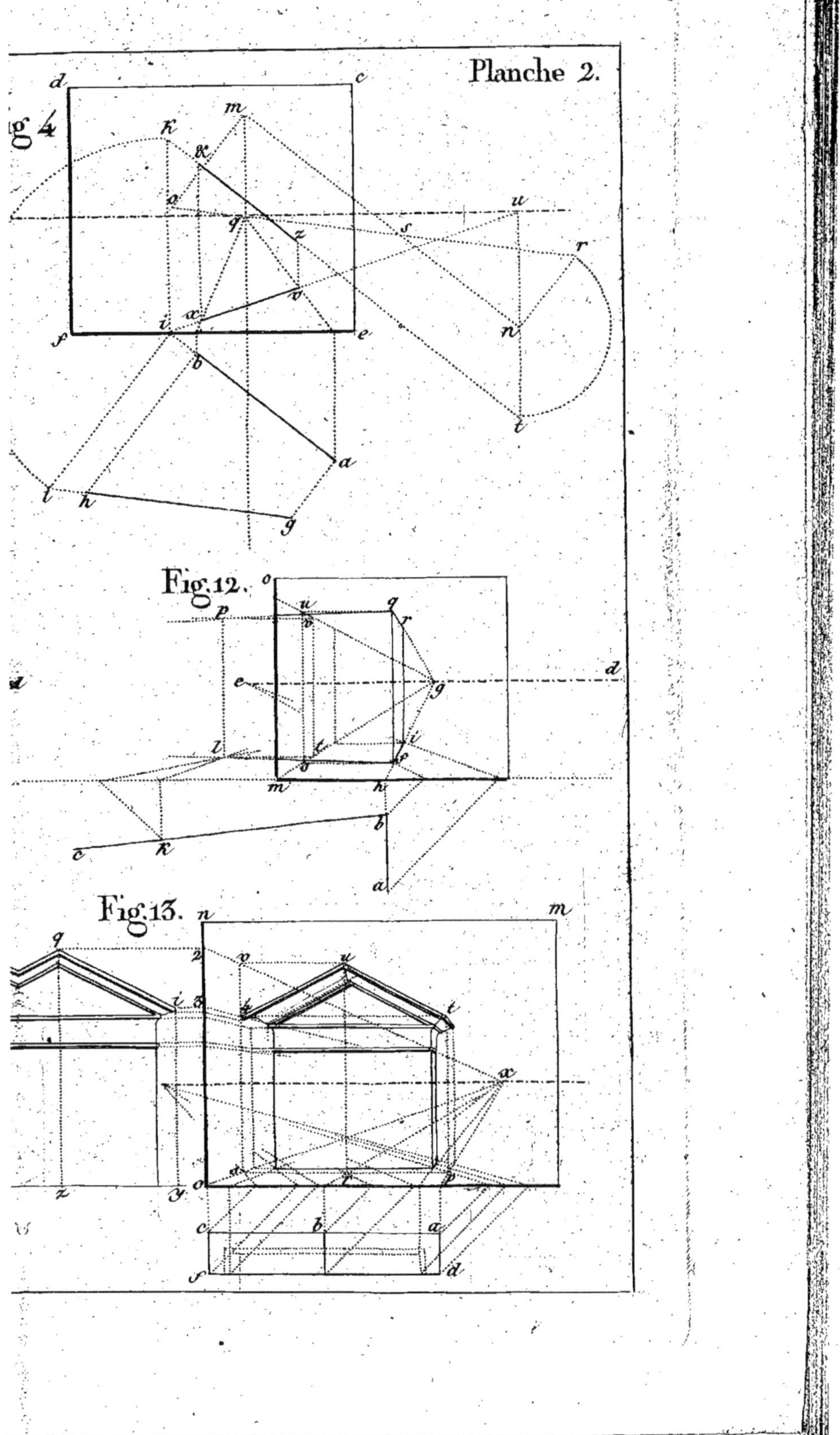

Planche 2.
Fig. 12.
Fig. 13.

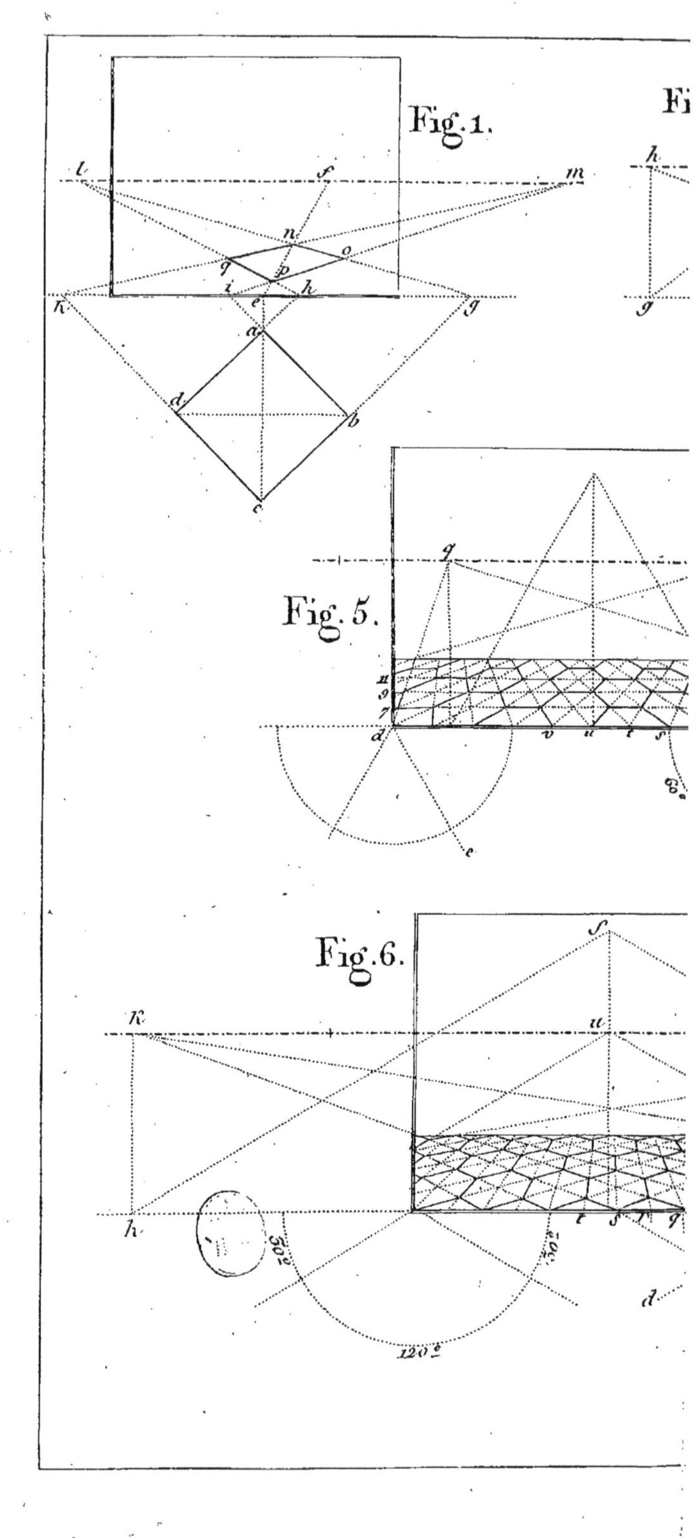

Fig.1.
Fig.5.
Fig.6.
120°

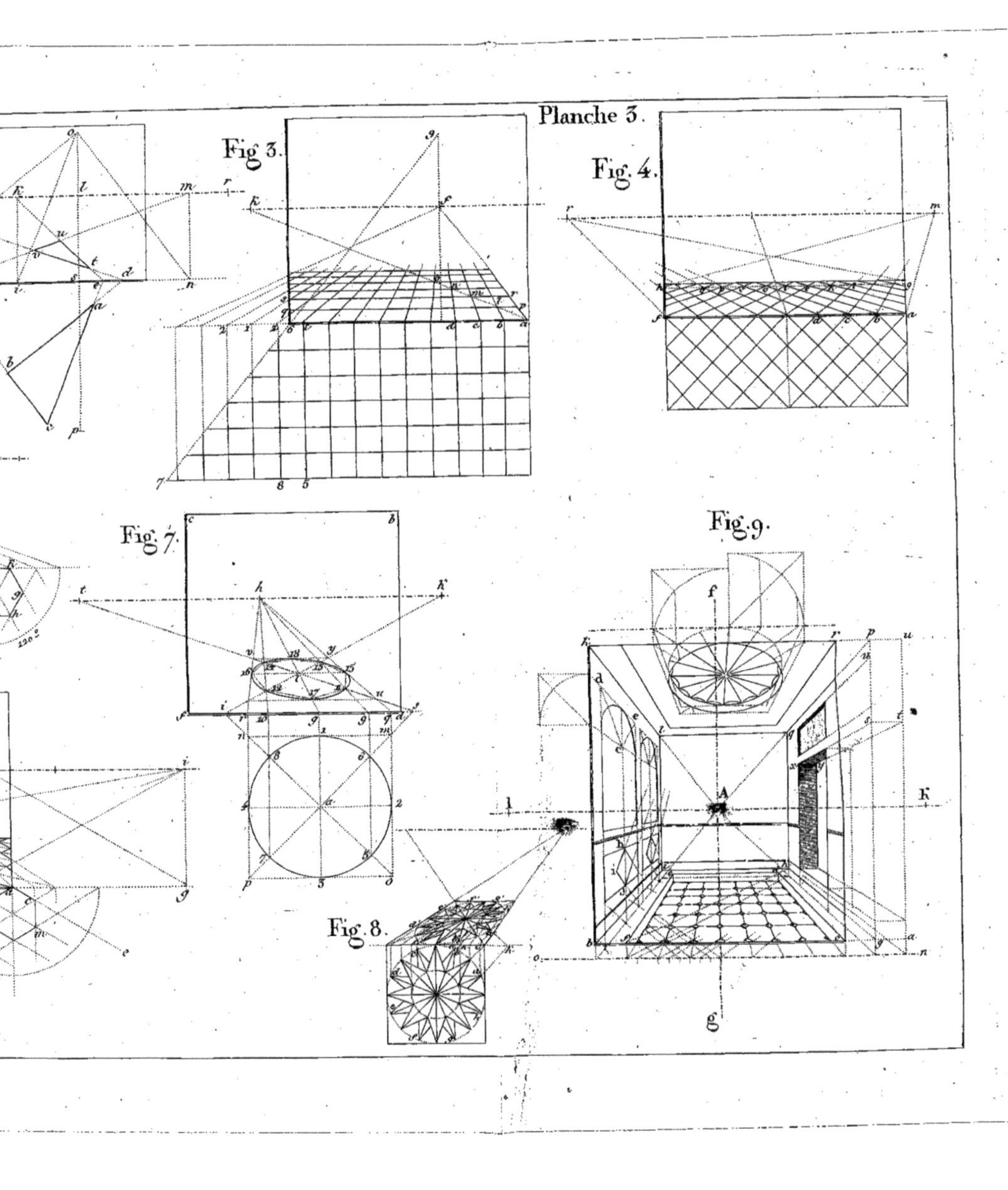

Planche 3.
Fig 3.
Fig. 4.
Fig. 7.
Fig.9.
Fig.8.

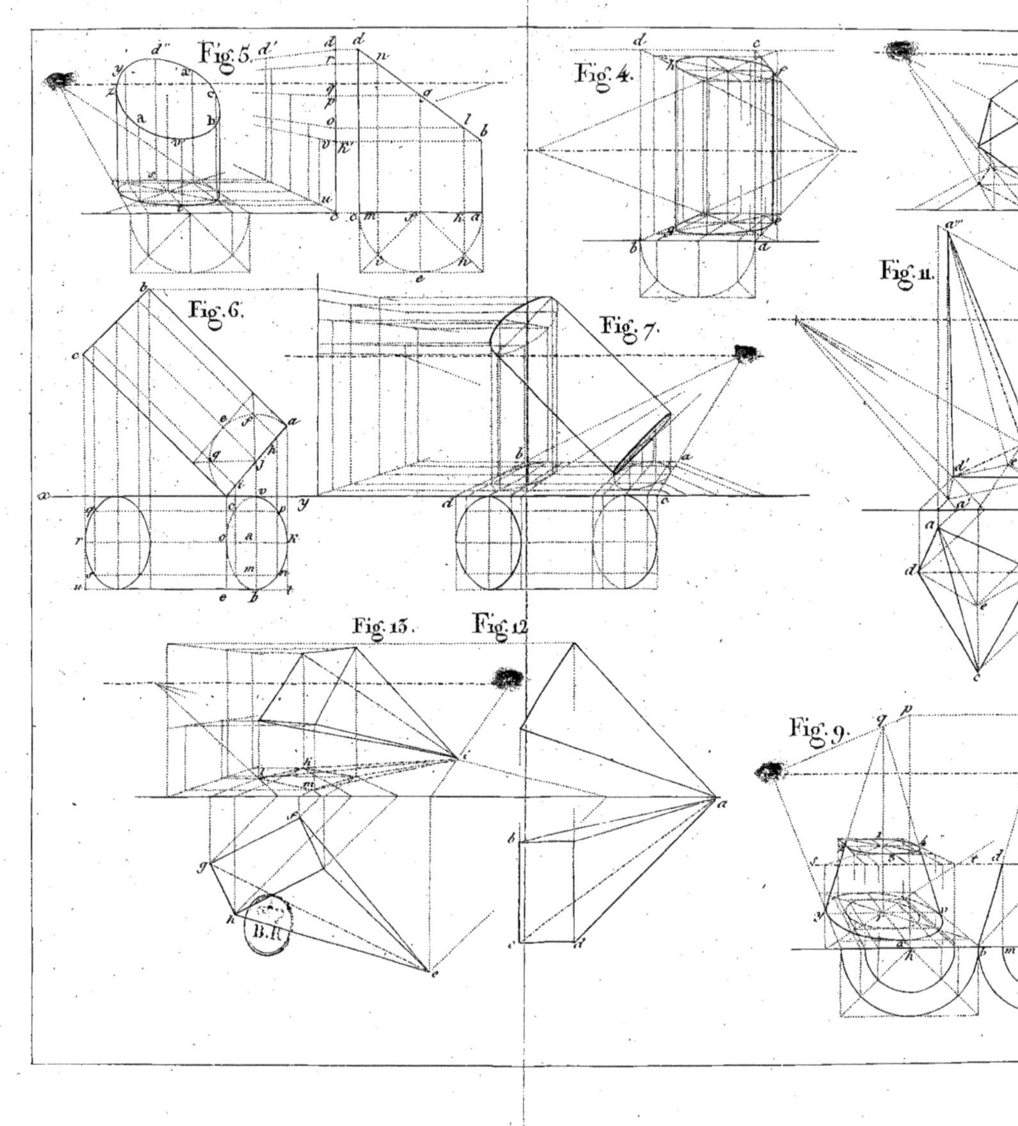

Fig. 5.
Fig. 4.
Fig. 6.
Fig. 7.
Fig. 11.
Fig. 13.
Fig. 12.
Fig. 9.
B.R.

Planche 4
Fig. 1. 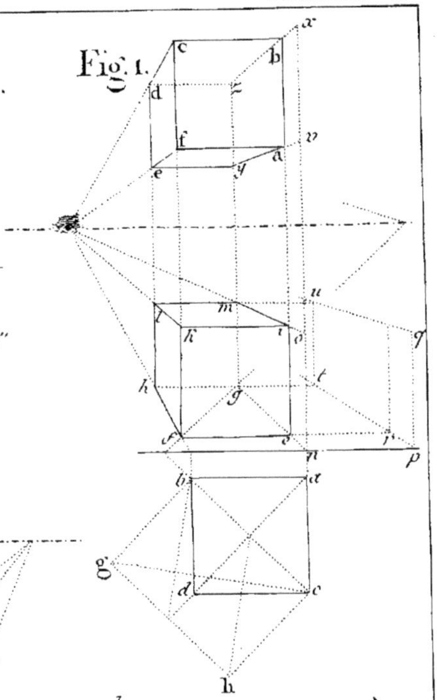
Fig. 2.
Fig. 8.
Fig. 10.

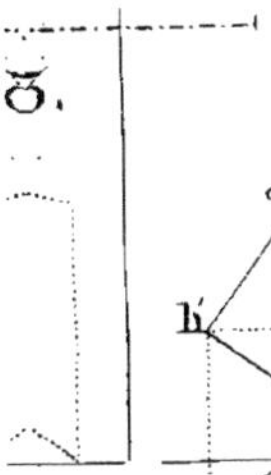

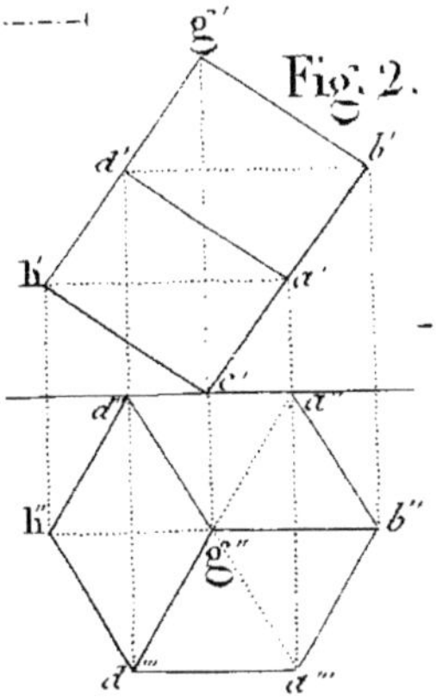

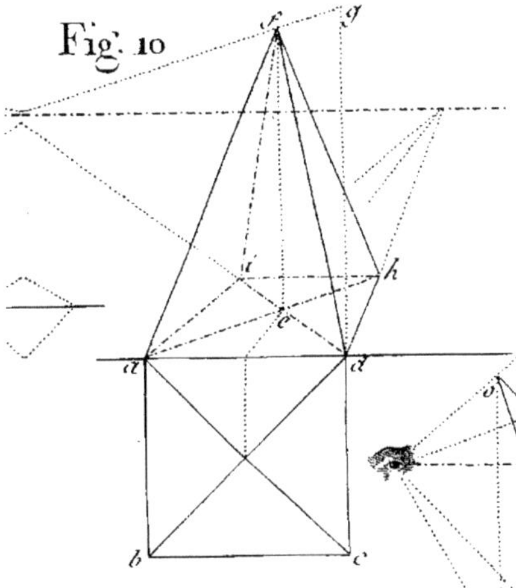

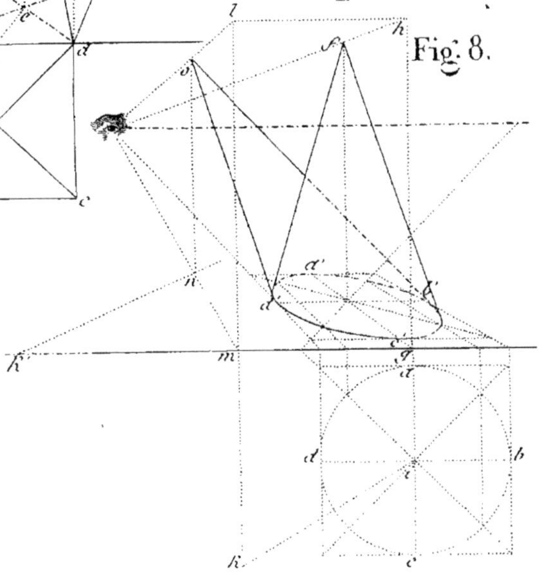

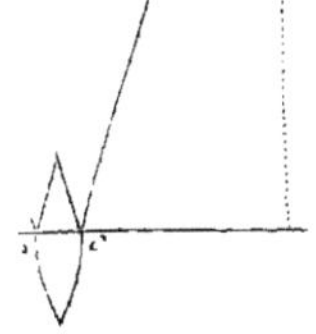

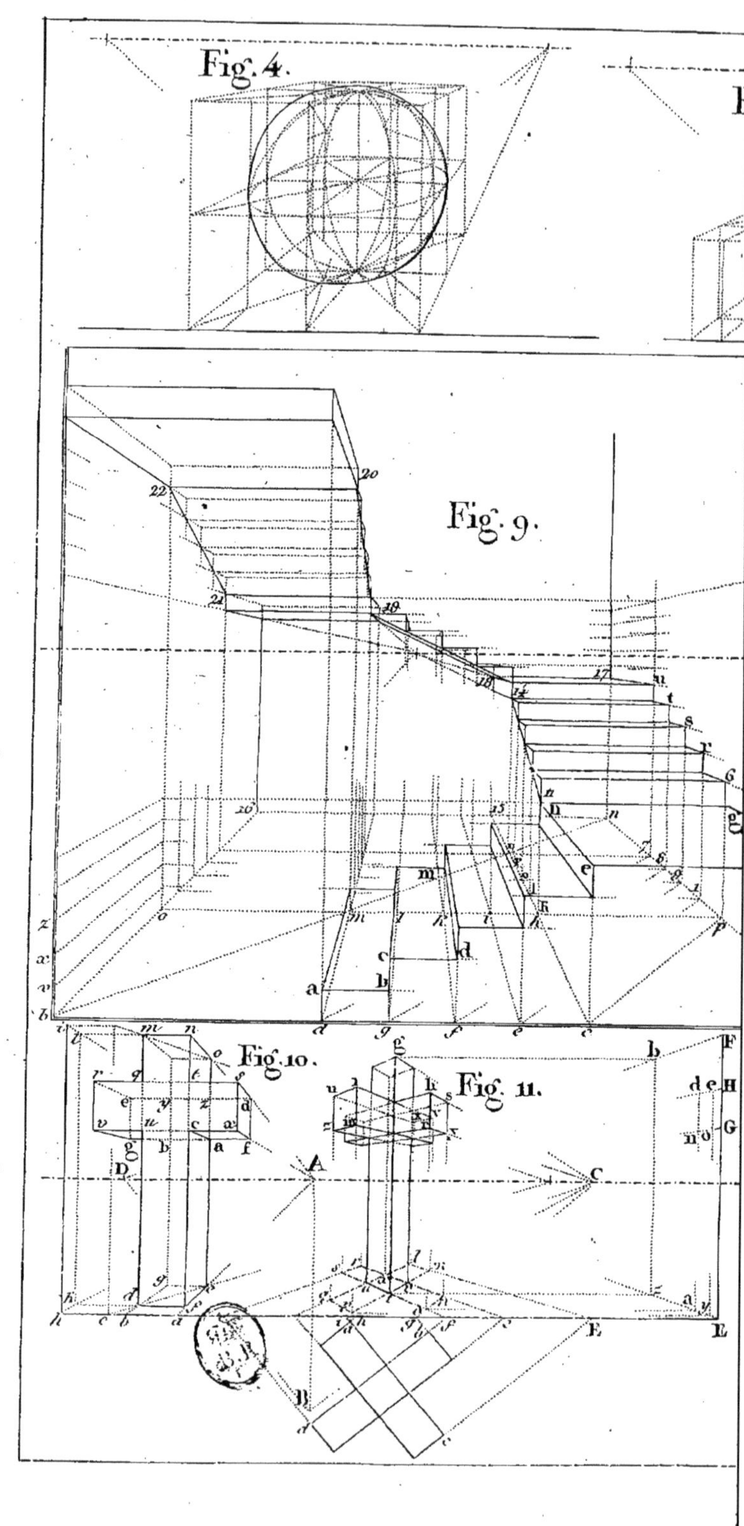

Fig. 4.
Fig. 9.
Fig. 10.
Fig. 11.

Fig. 1.

Fig. 2.

Fig. 5.

Fig. 6.

Fig. 7.

Fig. 8.

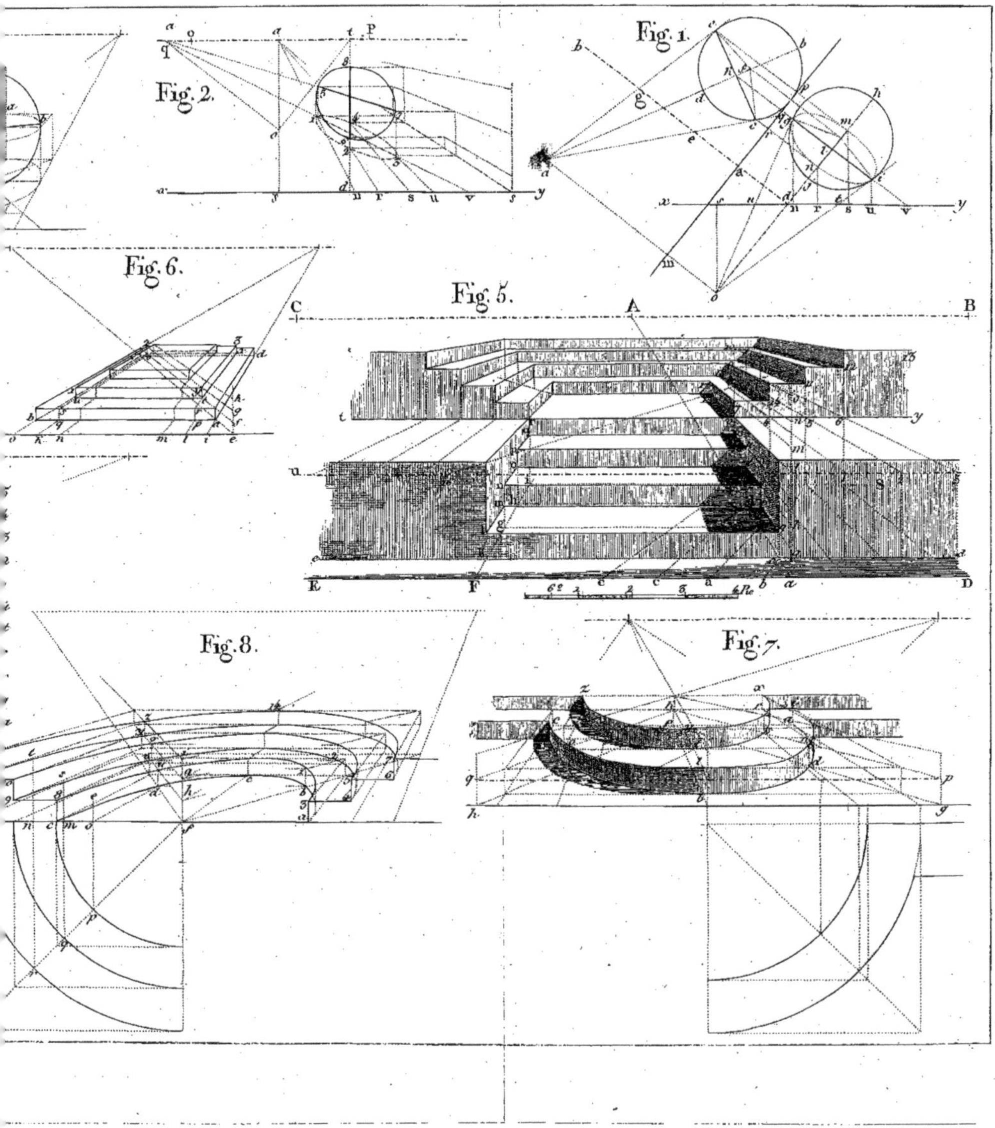

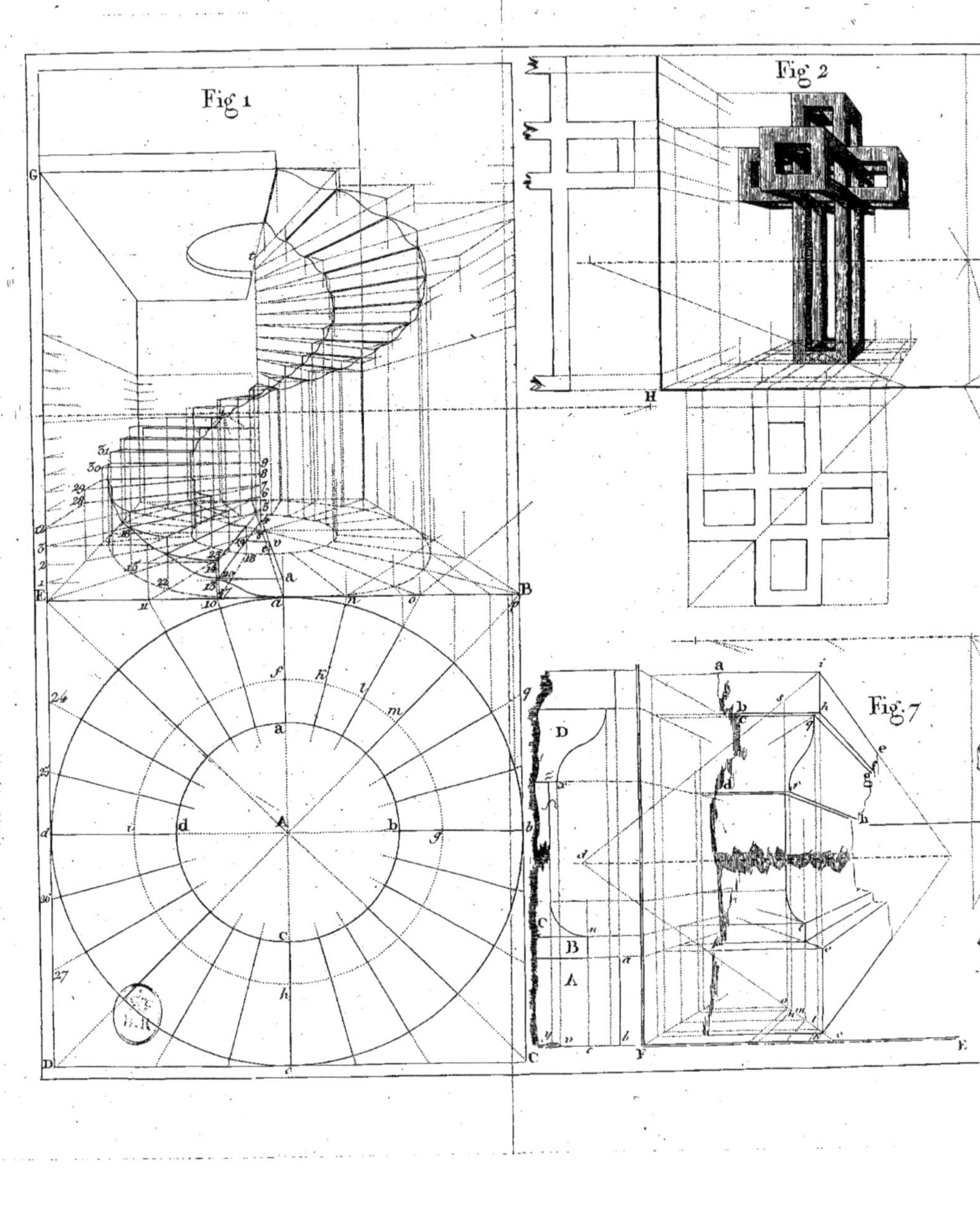

Fig 1
Fig 2
Fig 7

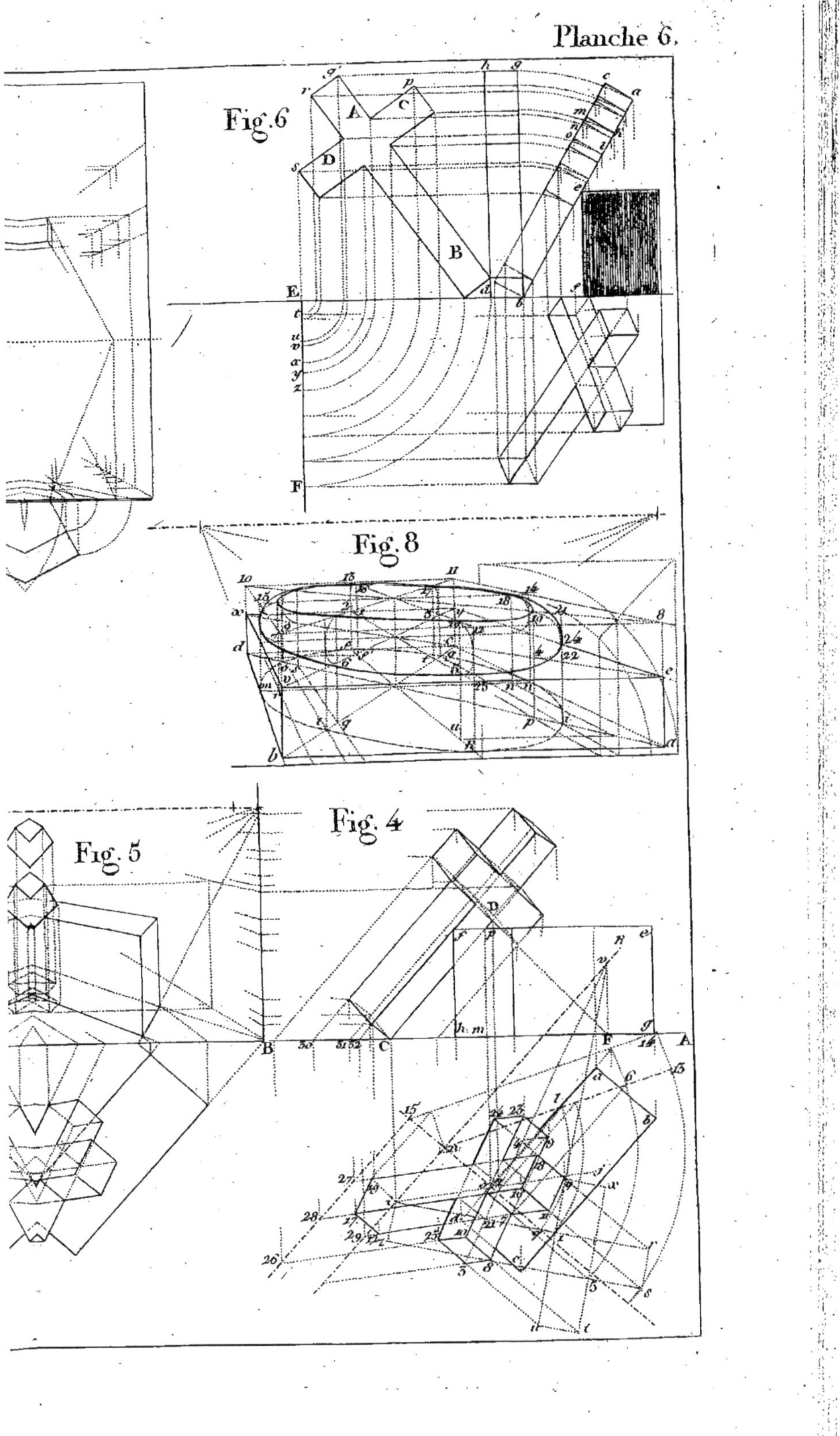
Fig. 6
Fig. 8
Fig. 5
Fig. 4

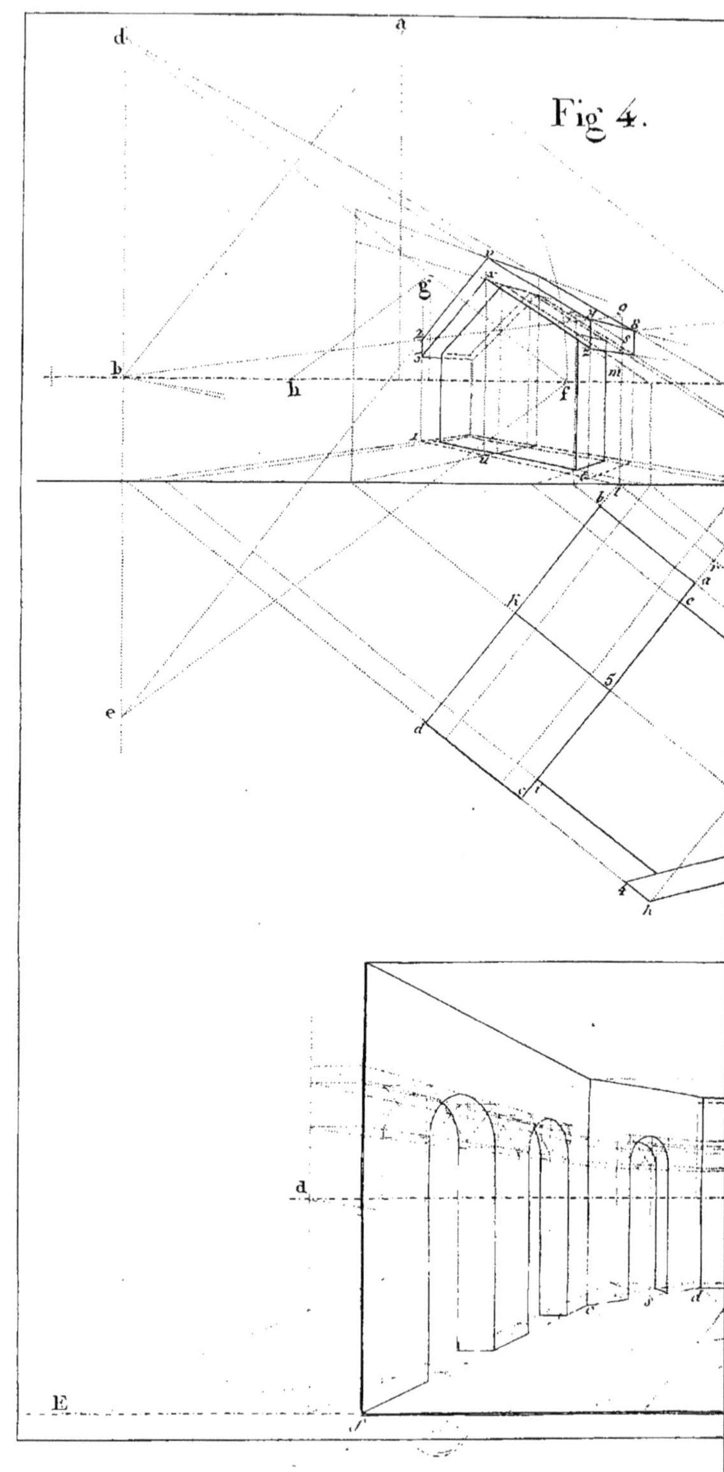

Fig. 4.

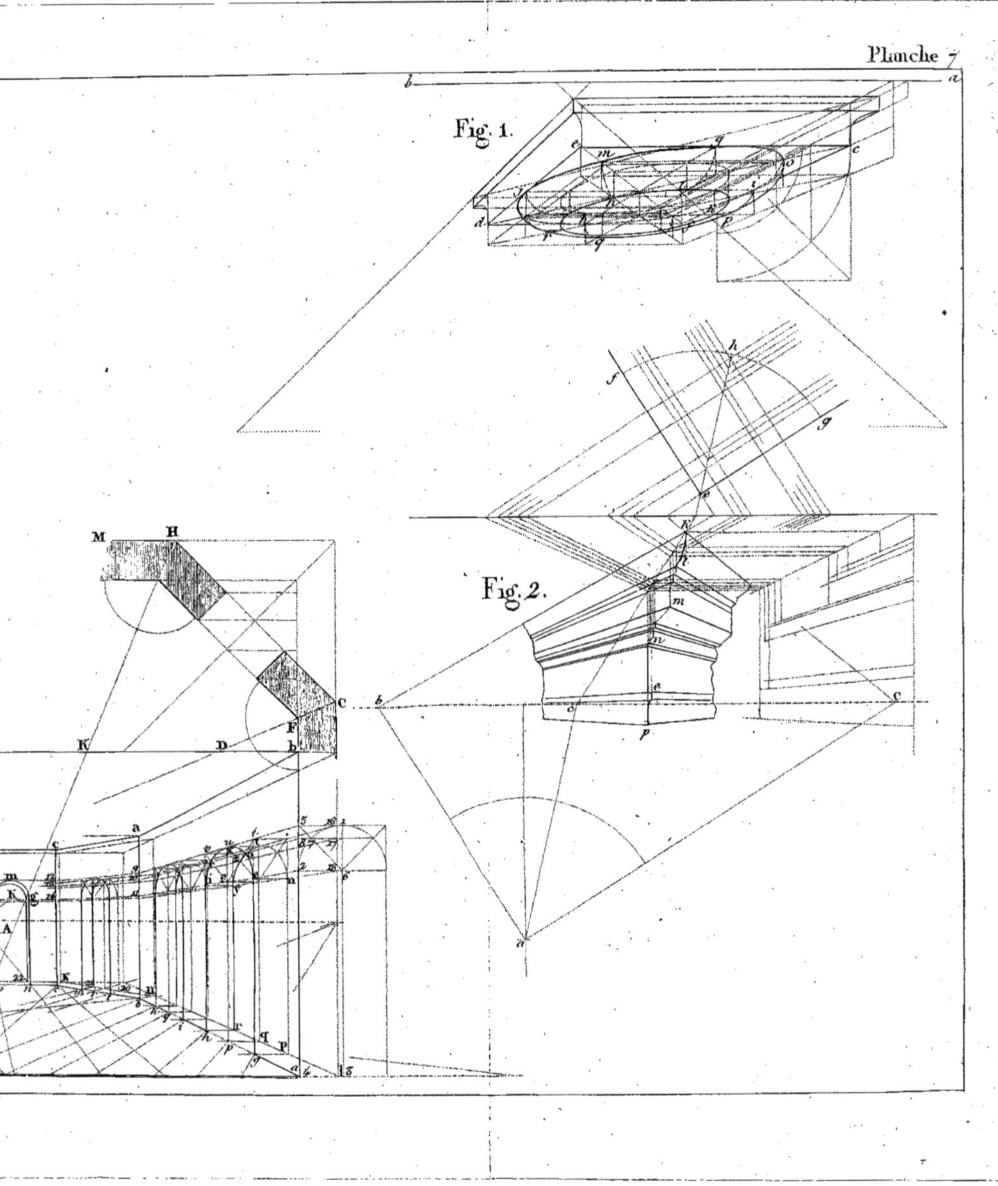

Fig. 1.
Fig. 2.

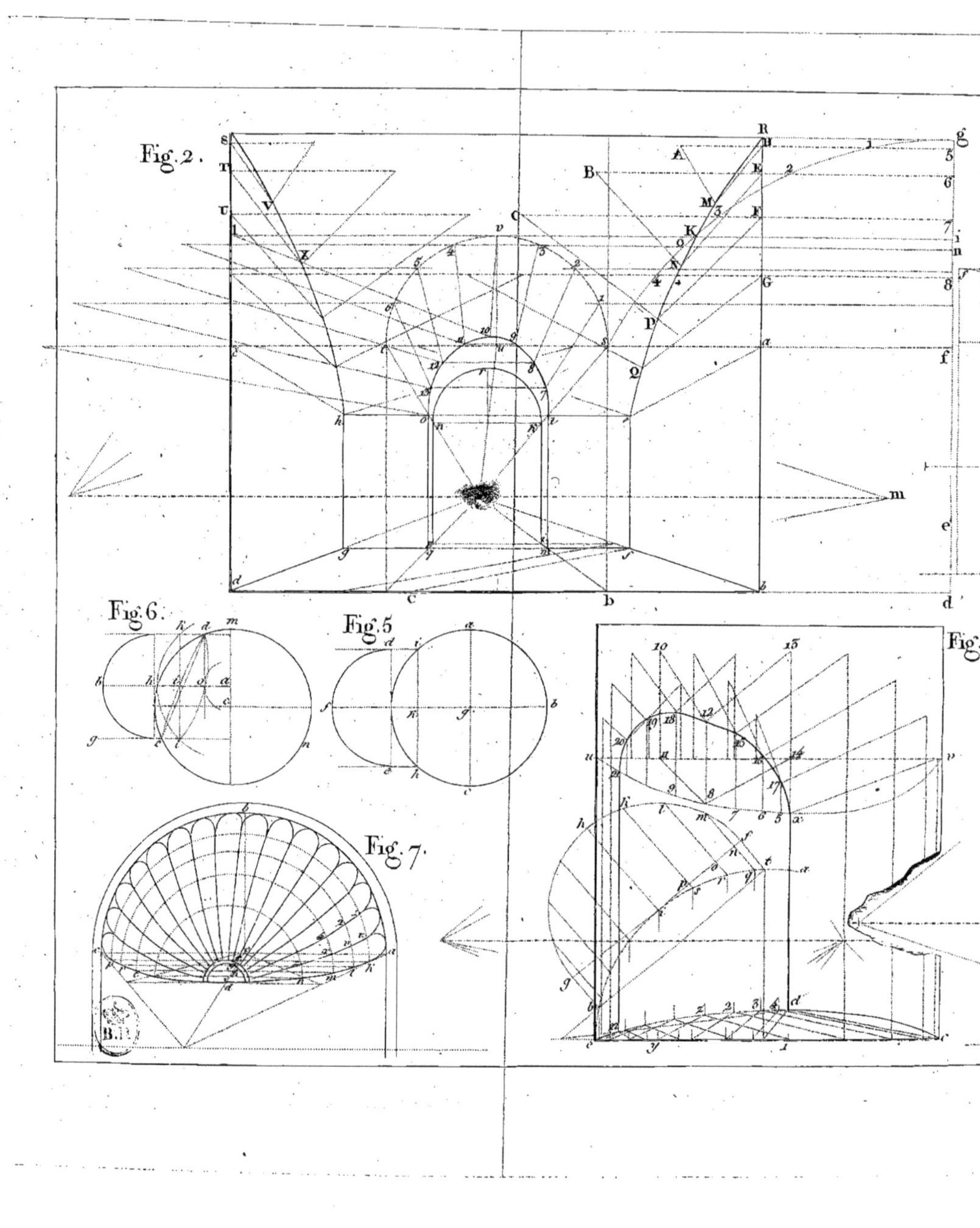

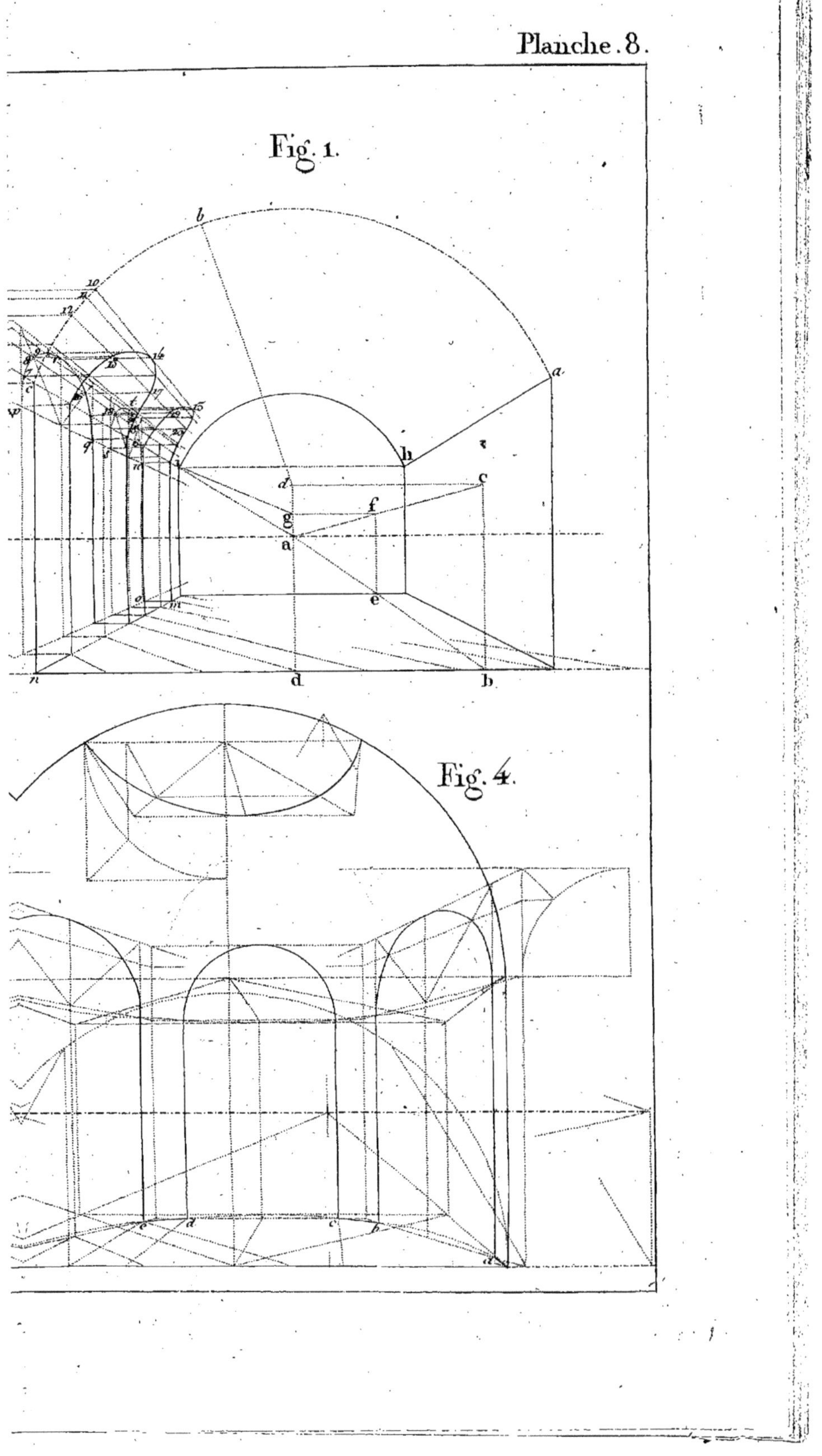

Fig. 1.
Fig. 4.

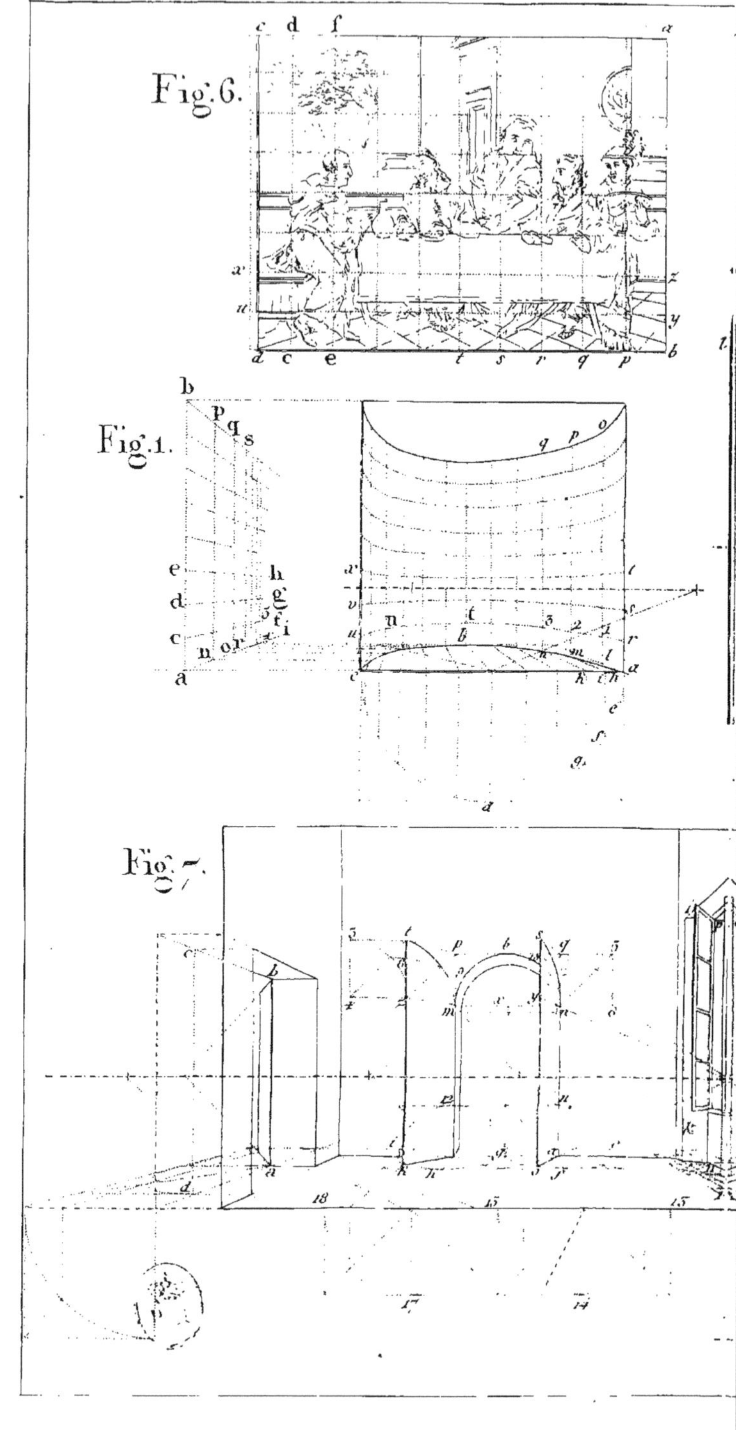

Fig. 6.
Fig. 1.
Fig. 7.

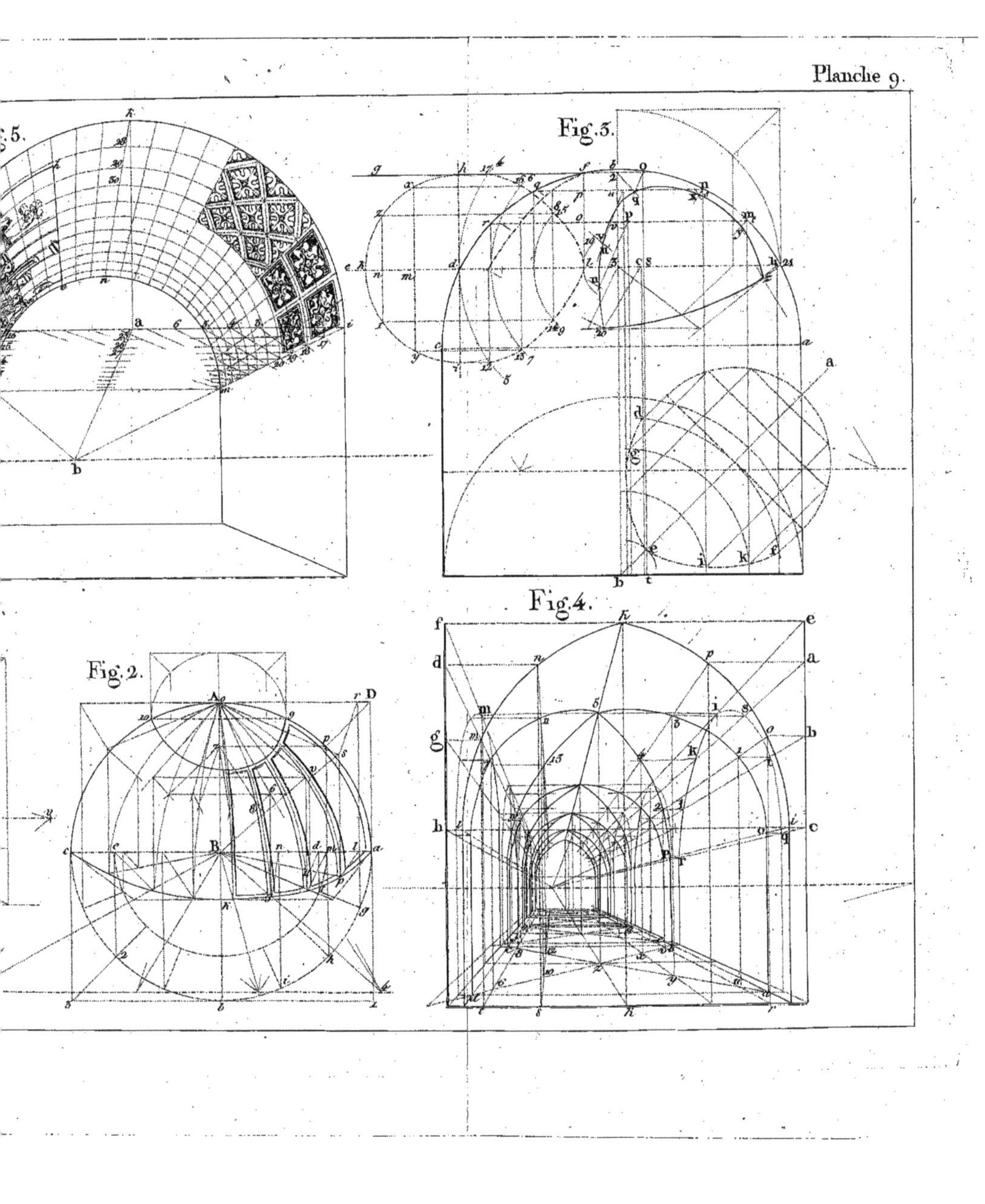
Fig. 5.
Fig. 3.
Fig. 2.
Fig. 4.

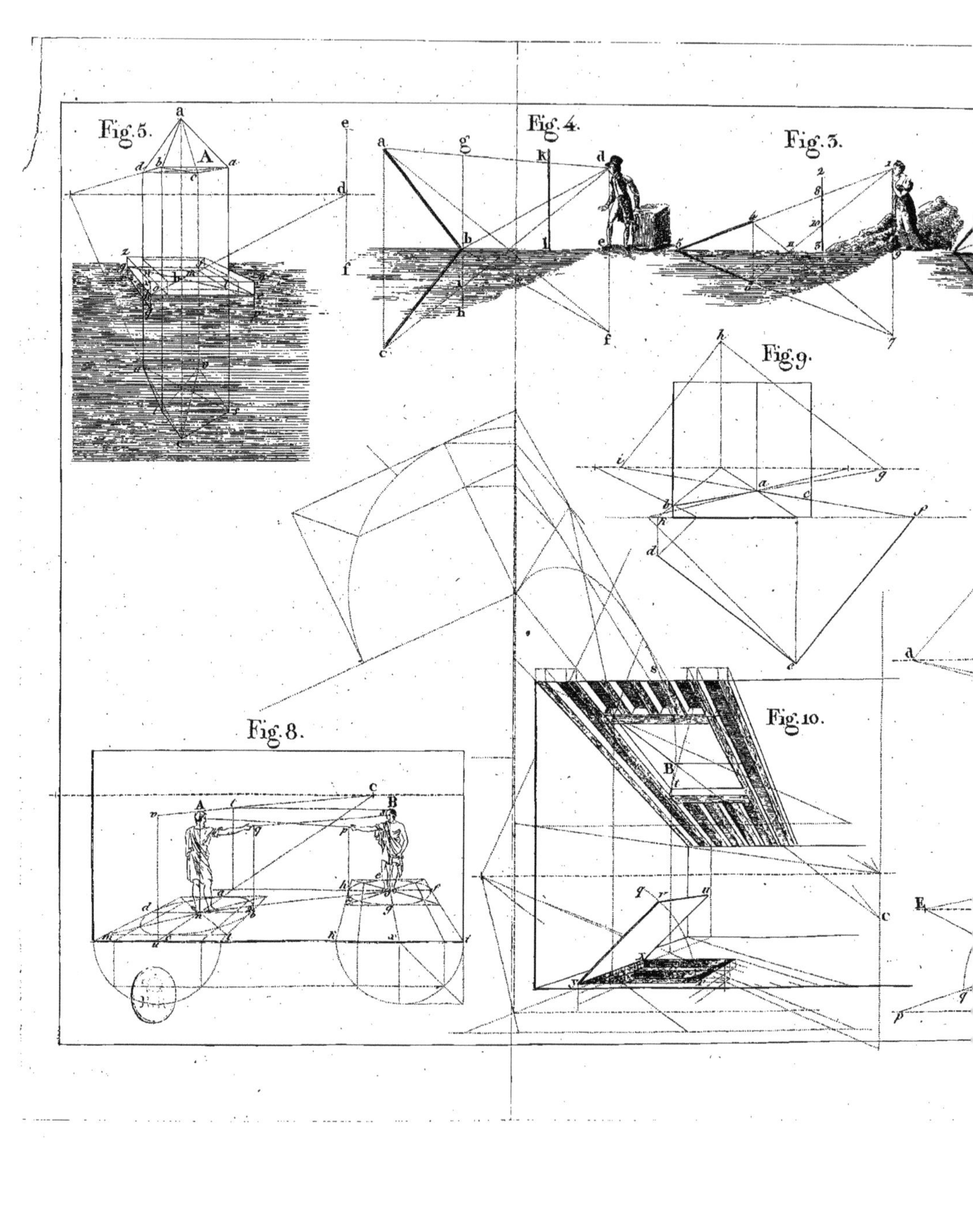

Fig.5.
Fig.4.
Fig.3.
Fig.9.
Fig.8.
Fig.10.

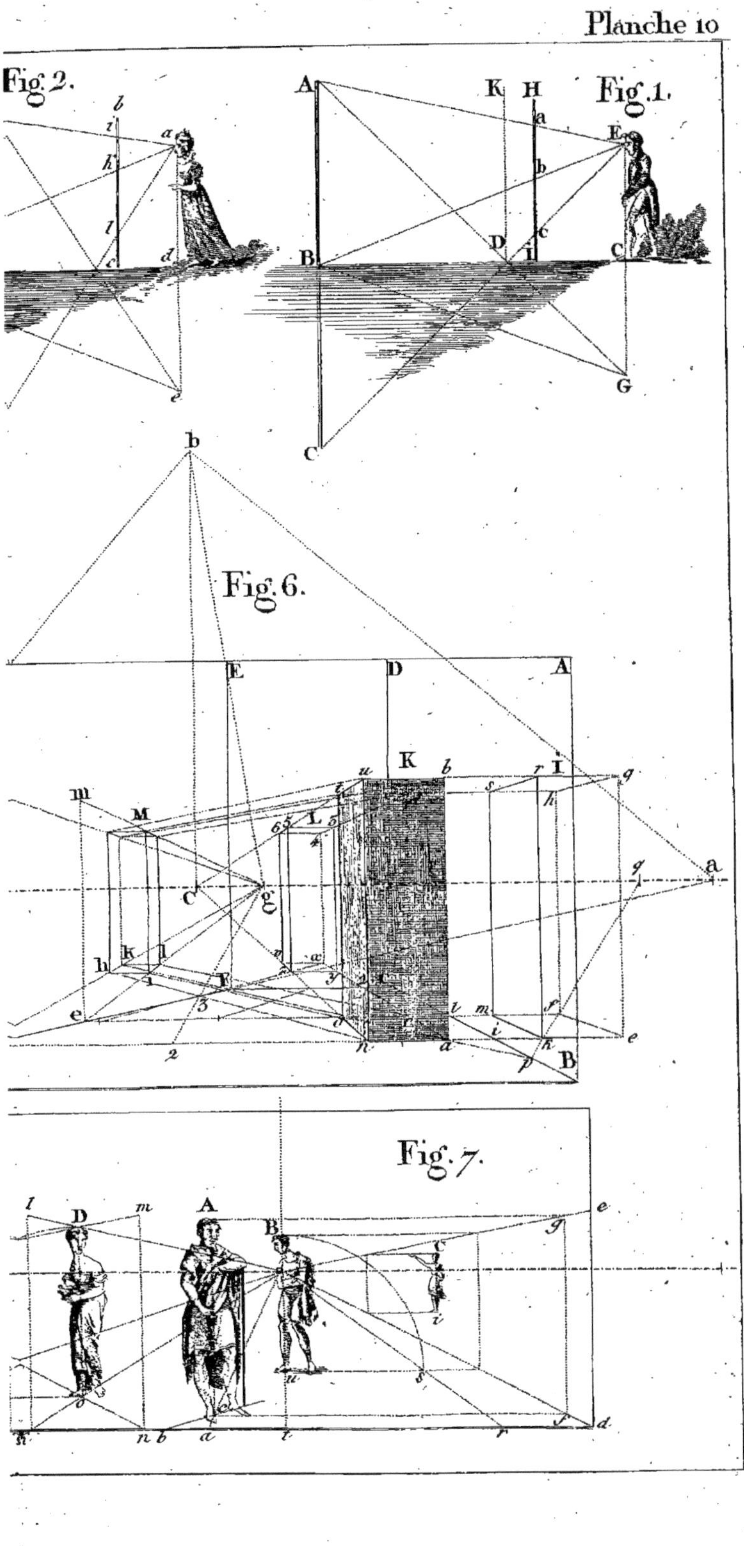

Fig. 2.
Fig. 1.
Fig. 6.
Fig. 7.

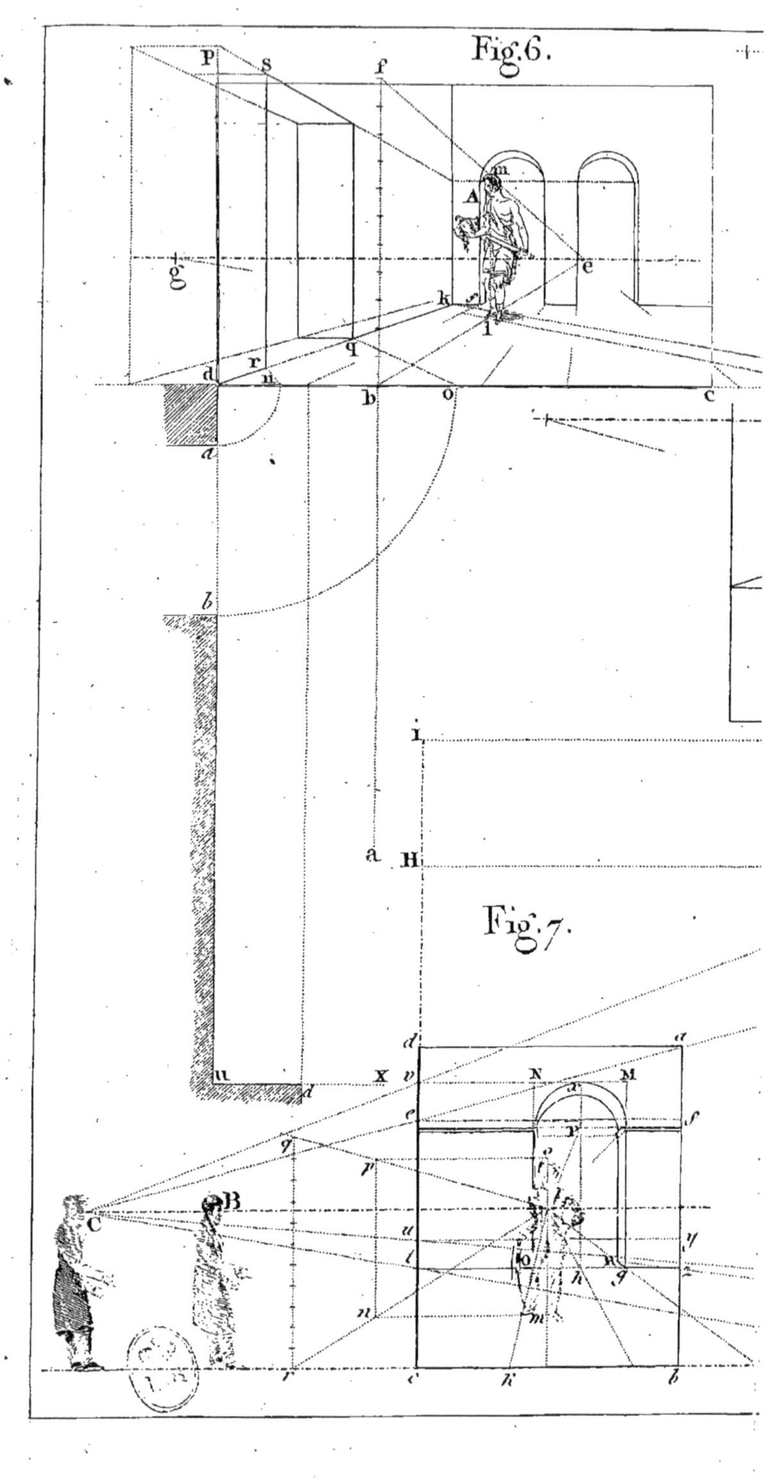

Fig.6.
Fig.7.

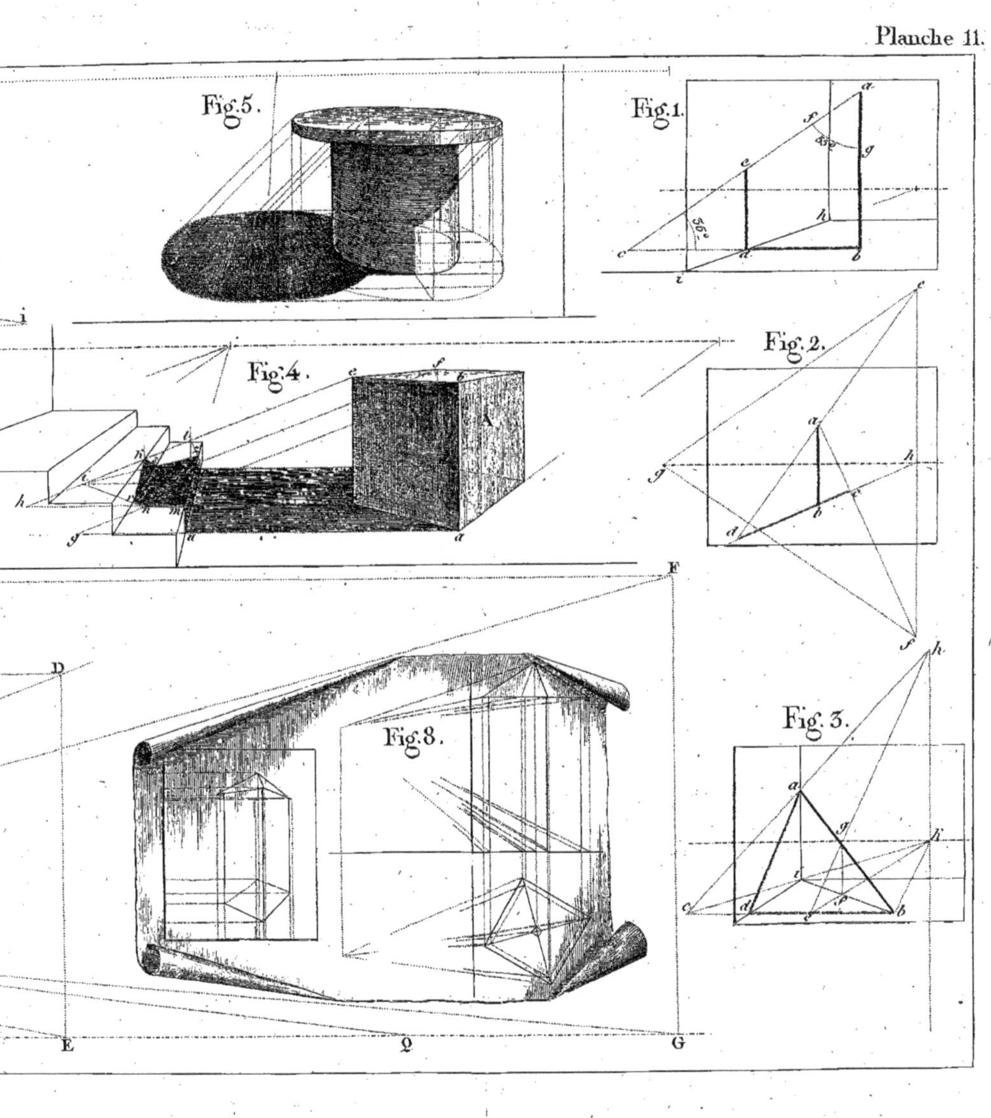
Fig.5.
Fig.1.
Fig.4.
Fig.2.
Fig.8.
Fig.3.

Planche 12. 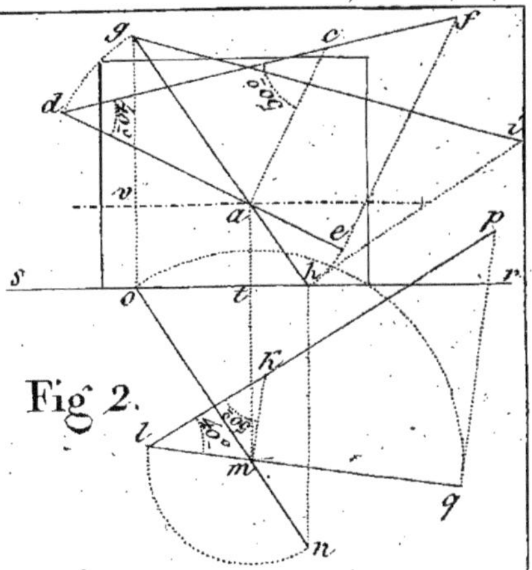
Fig 2. 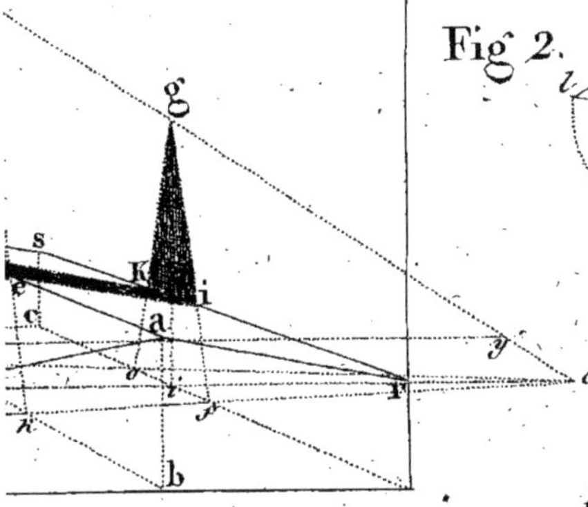 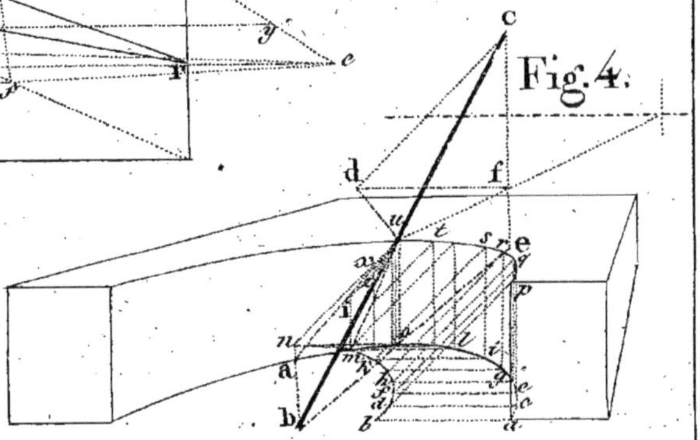
Fig. 4. 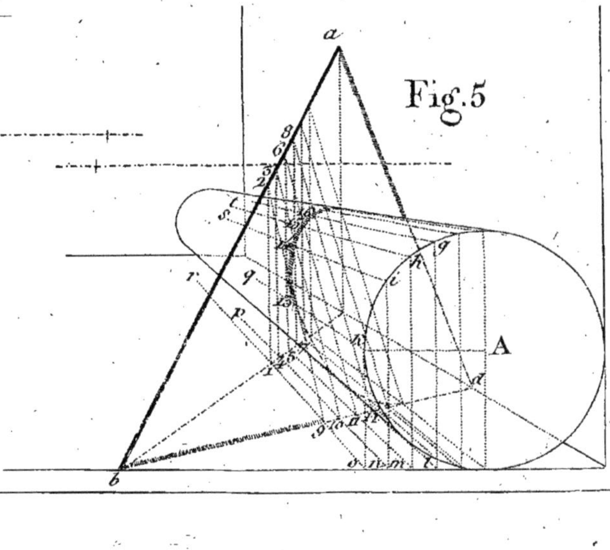
Fig. 5.
A

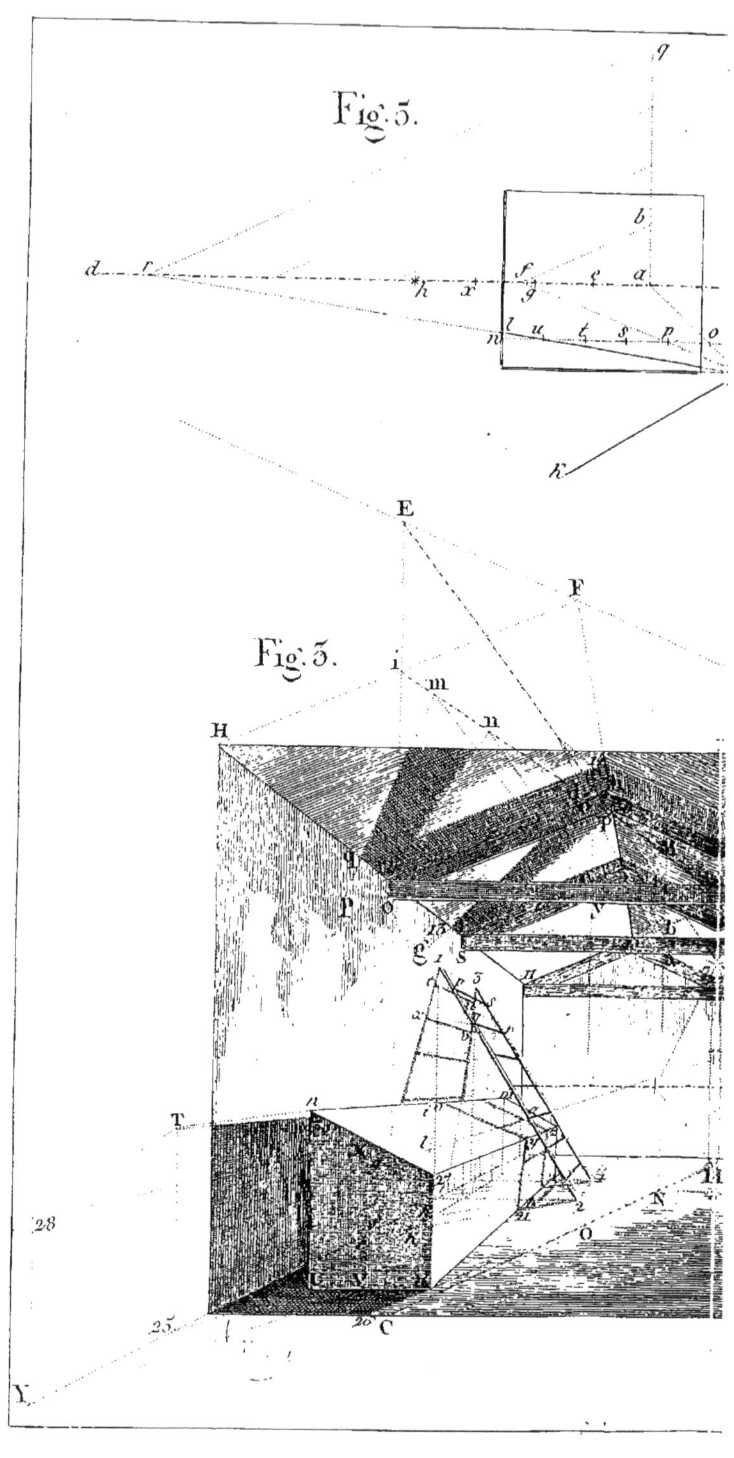

Fig. 5.
Fig. 3.

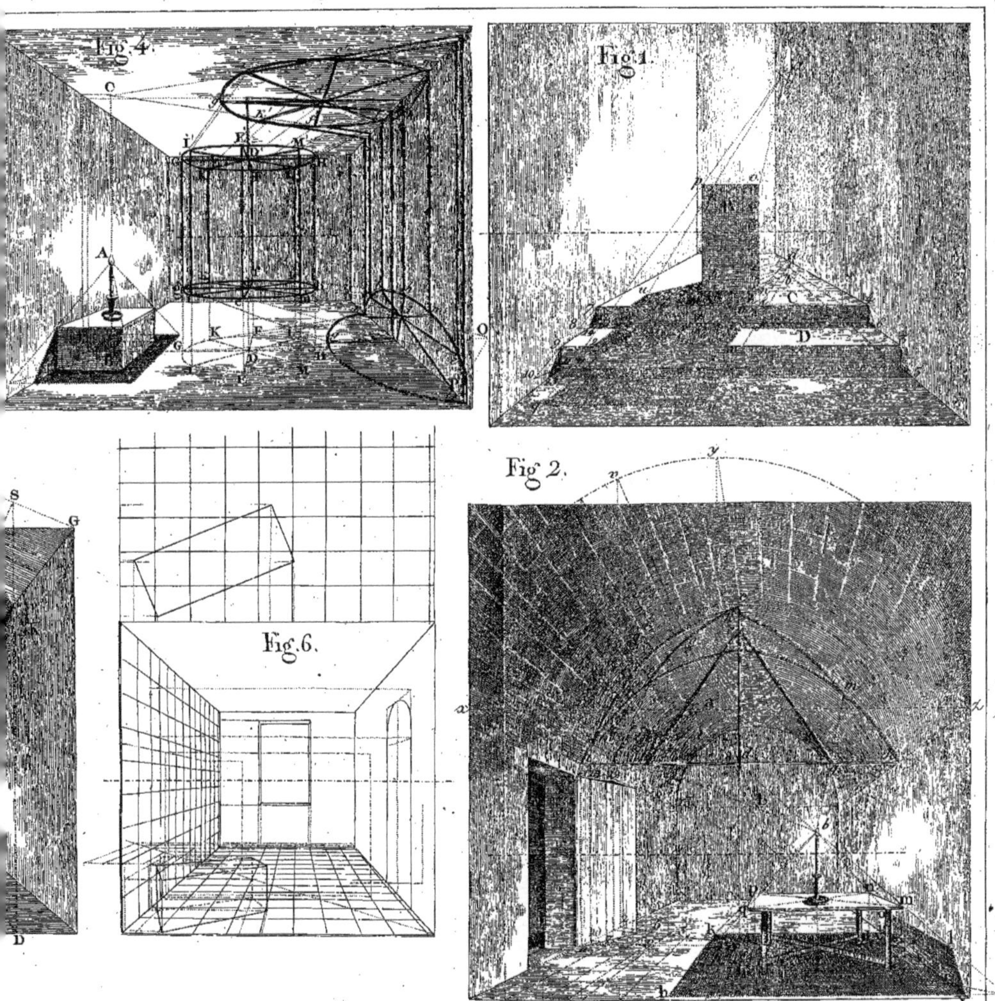

Fig. 4.
Fig. 1.
Fig. 2.
Fig. 6.

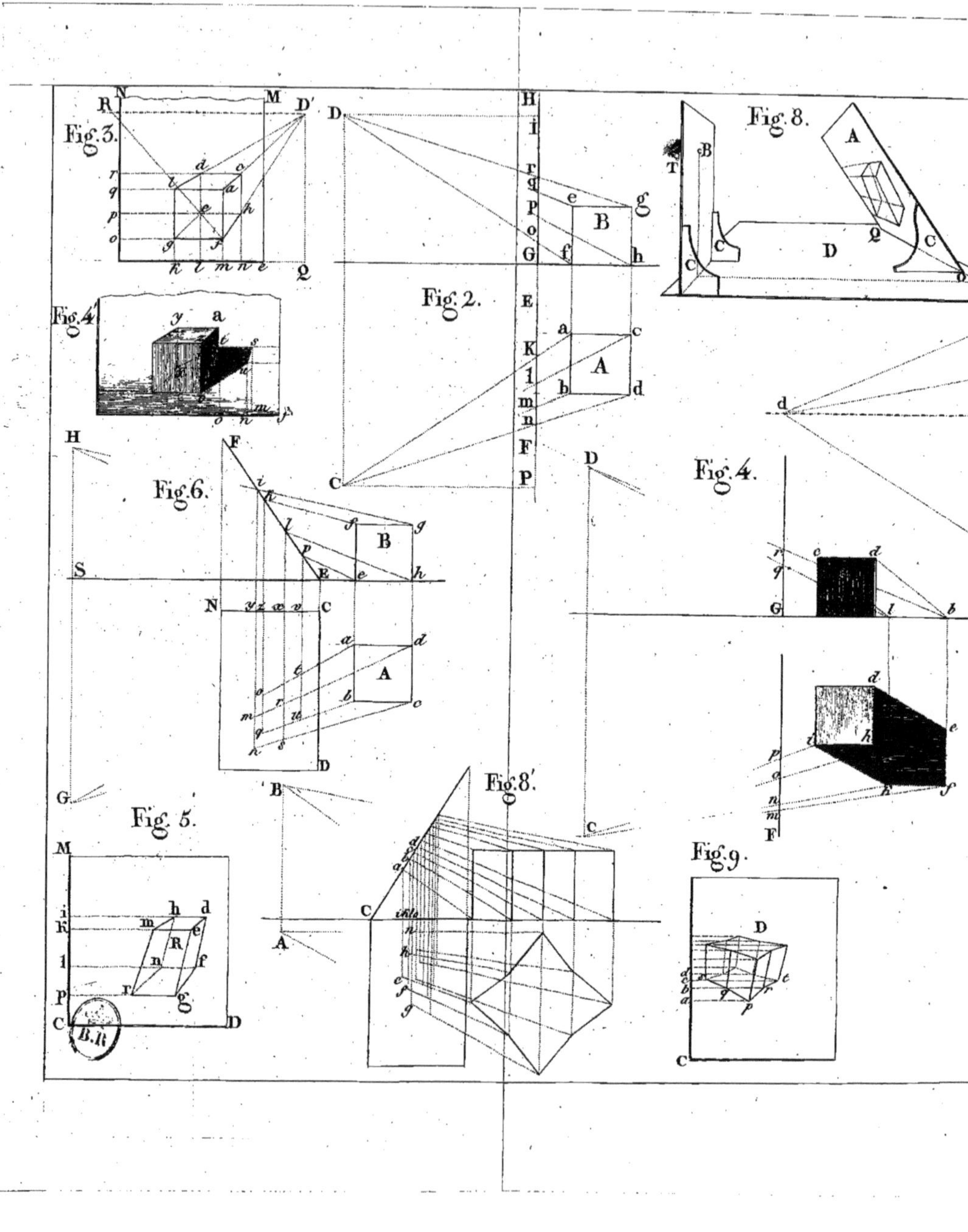

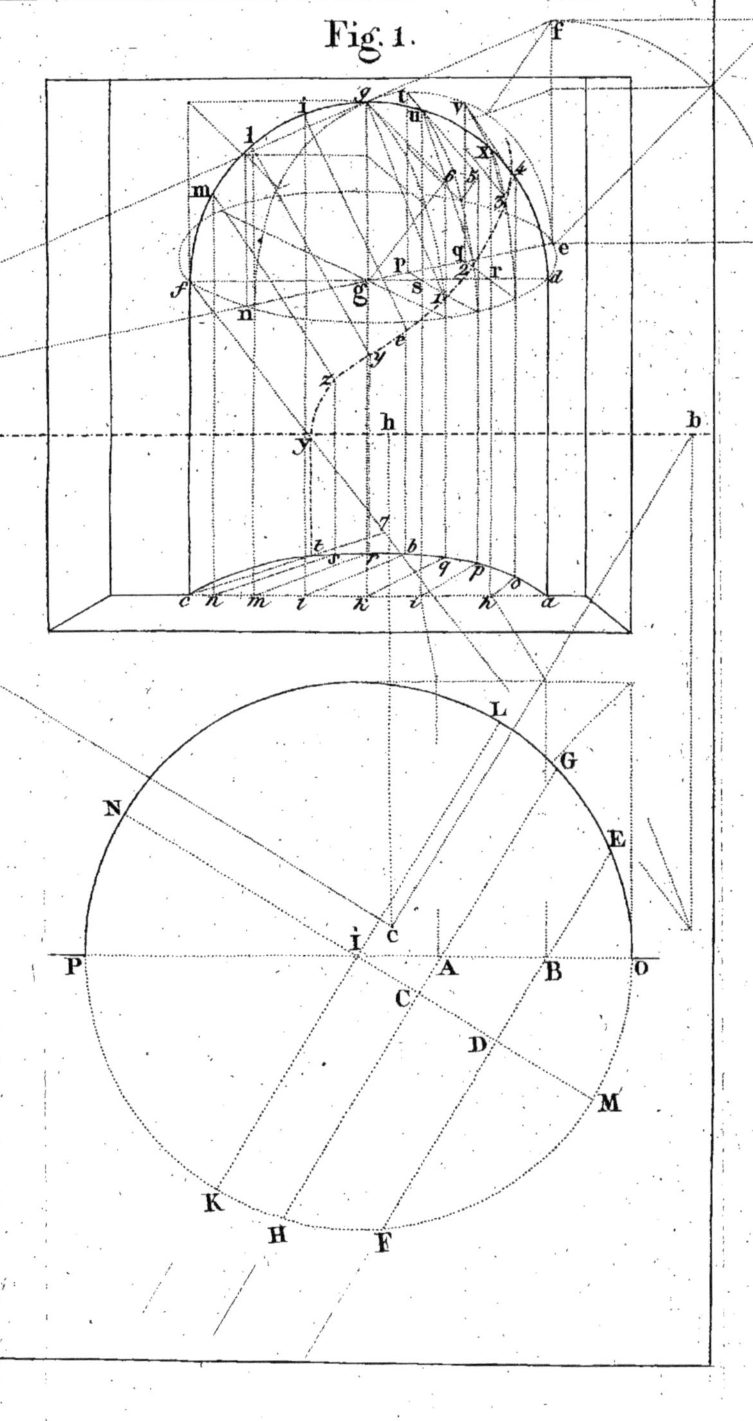
Fig. 1.

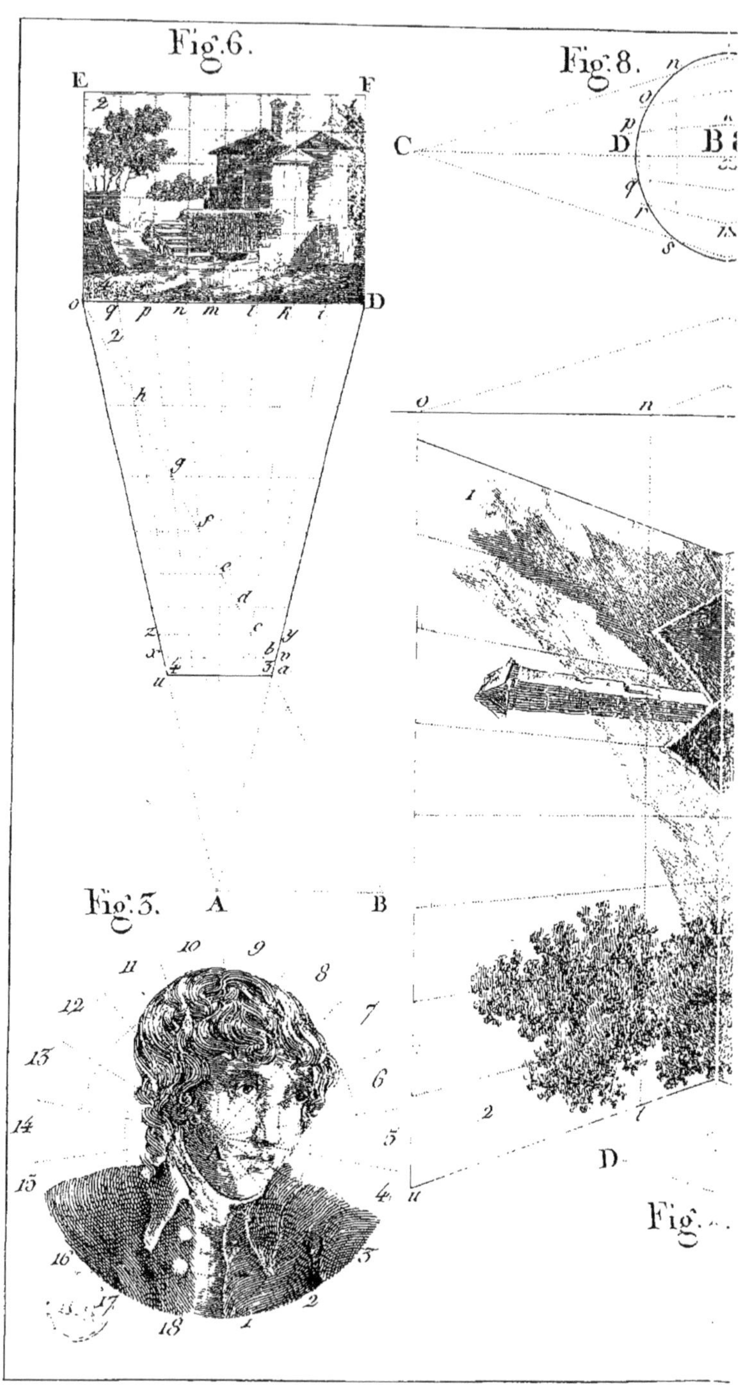
Fig.6.
E
F
Fig:8.
C
D
B
o
n
Fig:3.
A
B
10
9
11
8
12
7
13
6
14
5
15
4
16
3
17
2
18
1
D
Fig.

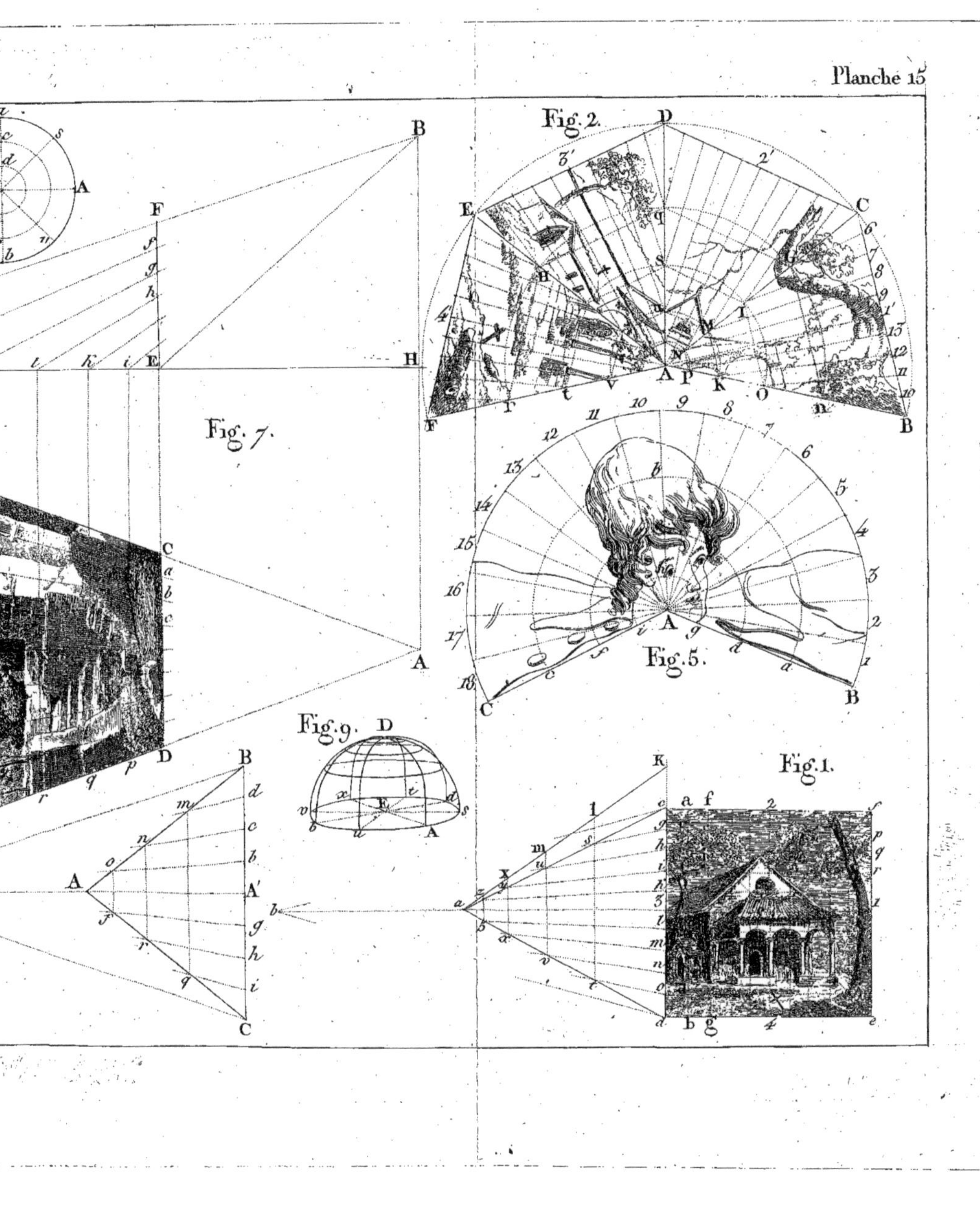
Fig. 2.
Fig. 7.
Fig. 5.
Fig. 9.
Fig. 1.

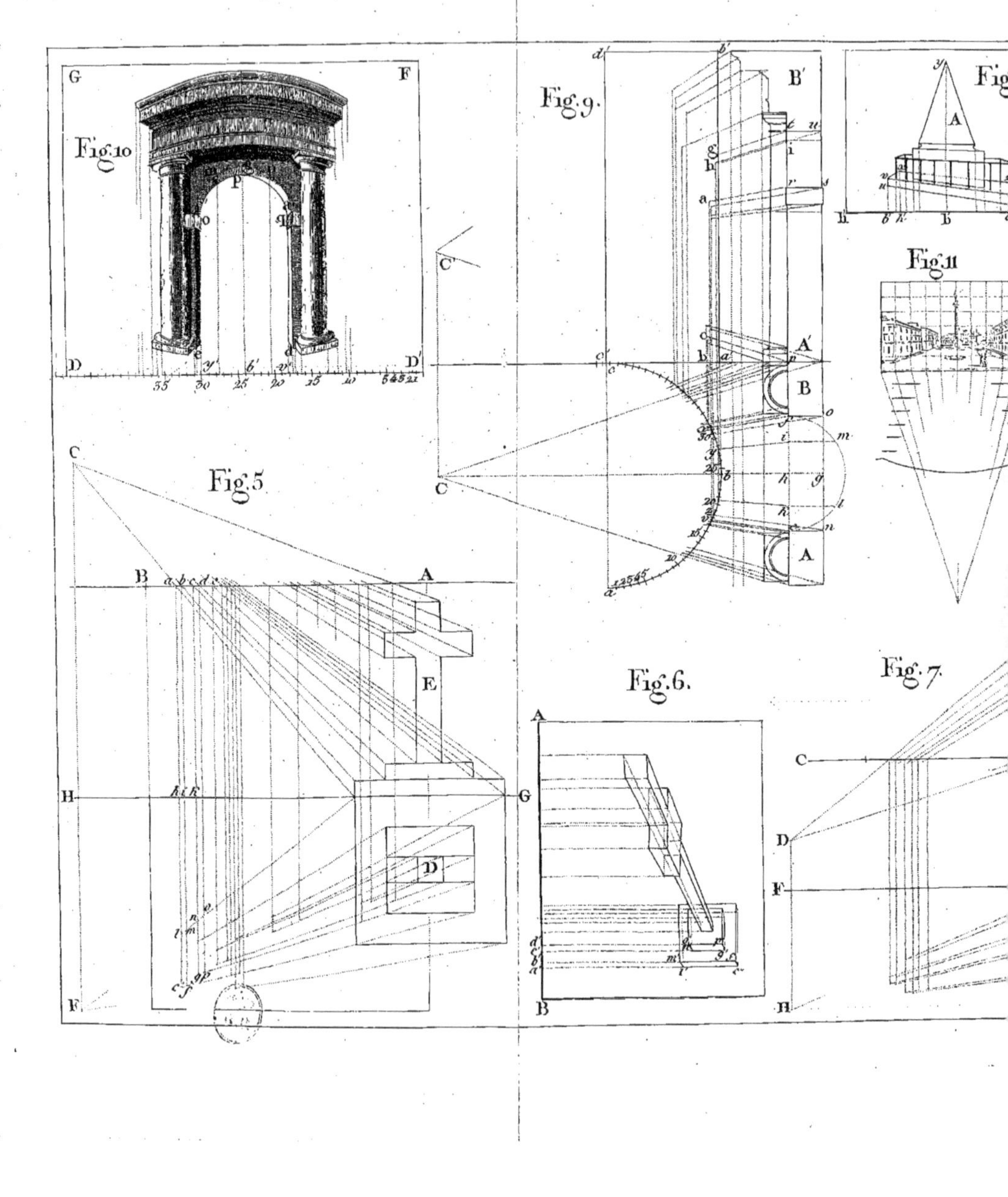

Fig. 1.
Fig. 3. 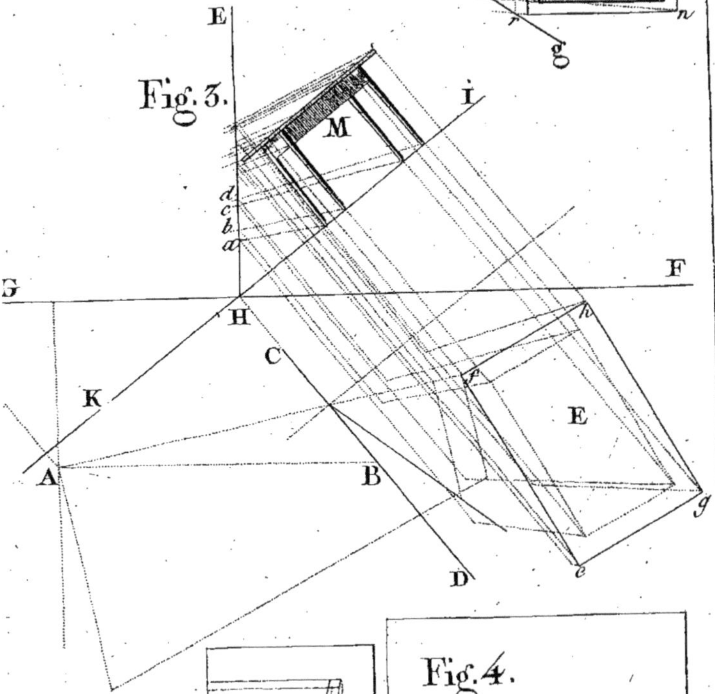
Fig. 4. 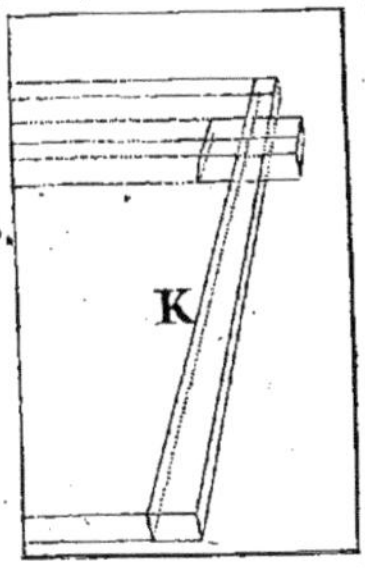
Fig. 8.

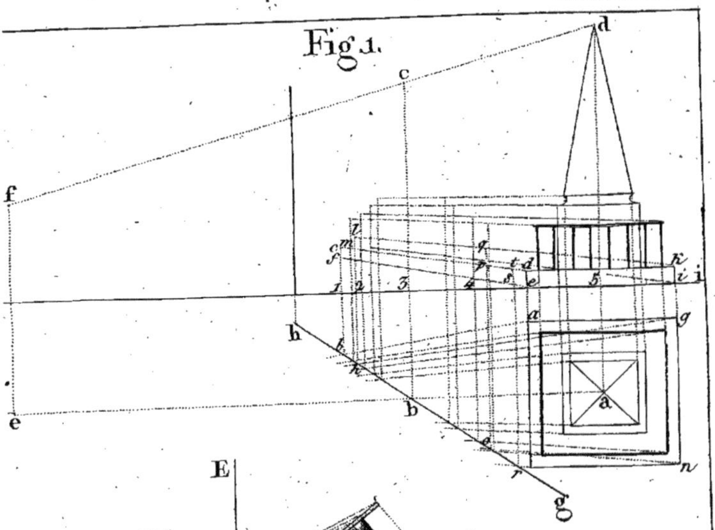

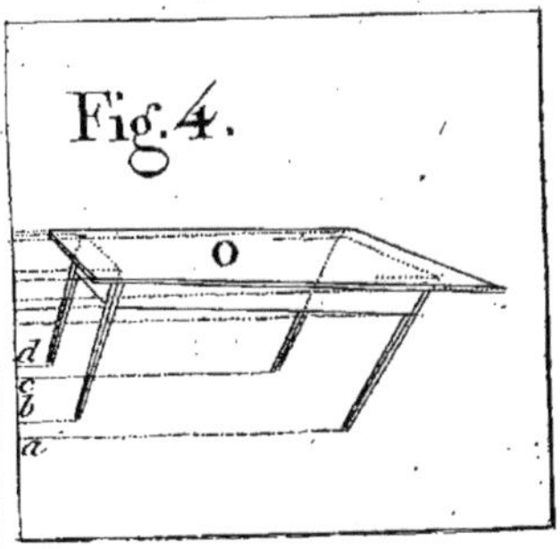

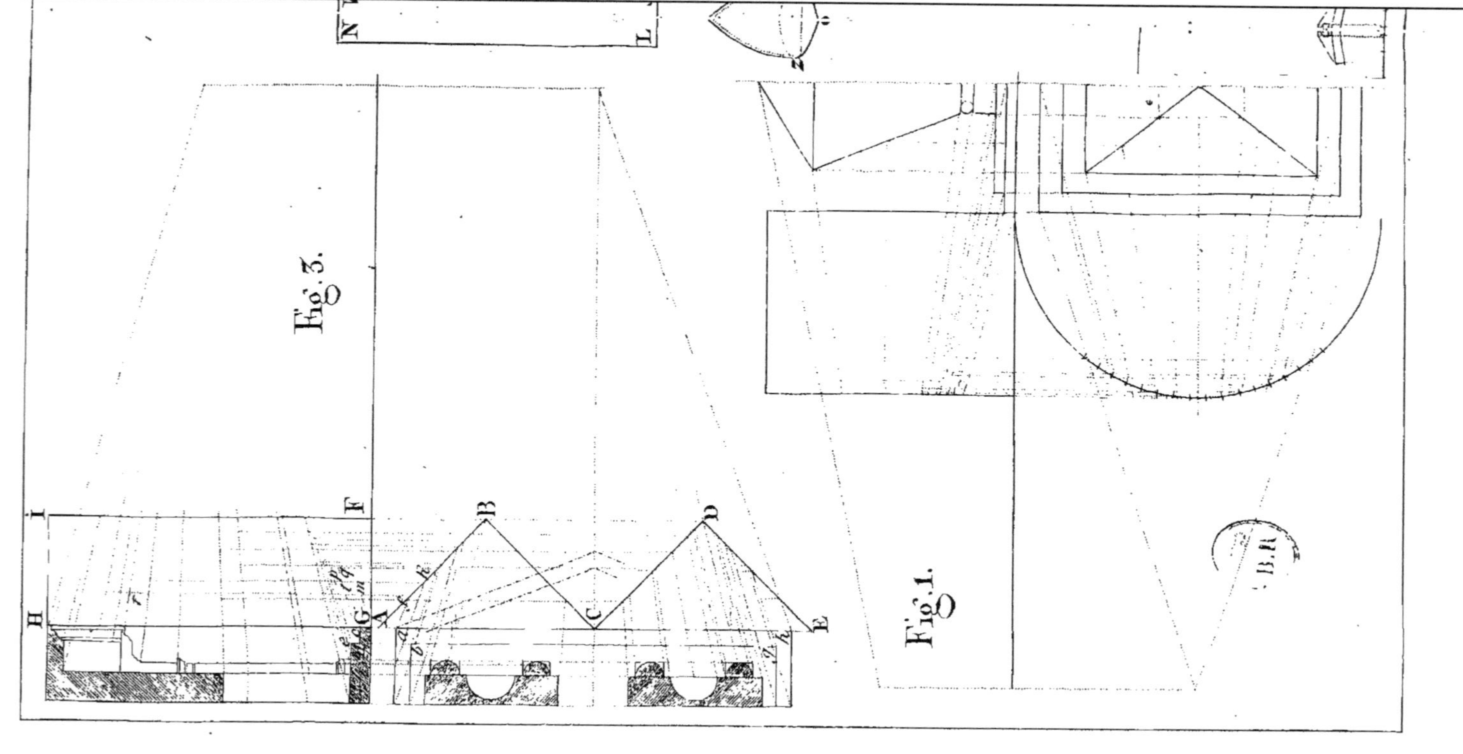

Fig. 3.
Fig. 1.
H
I
F
G
A
B
C
D
E
N
L
B.R

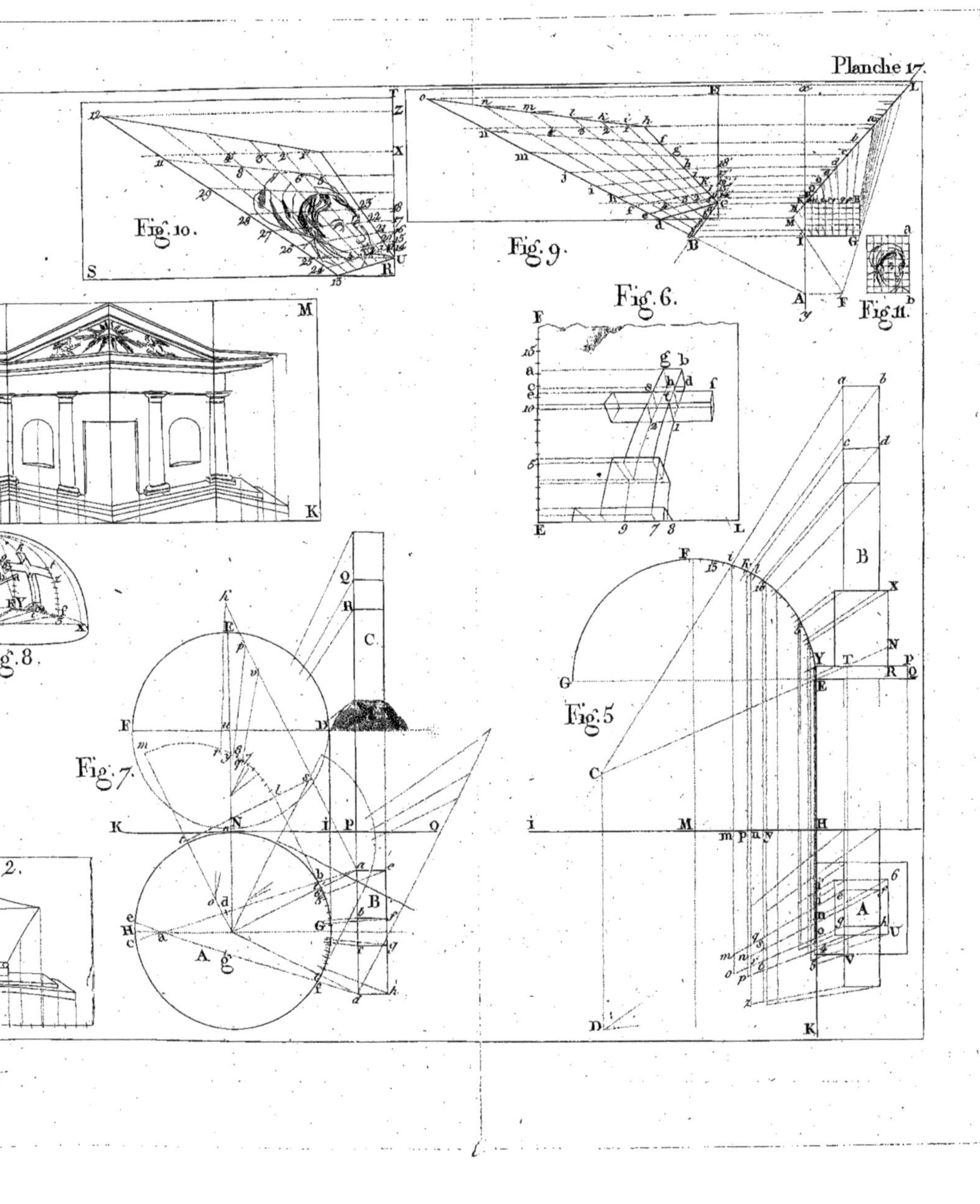

Fig. 10.
Fig. 9.
Fig. 6.
Fig. 11.
Fig. 8.
Fig. 7.
Fig. 5.

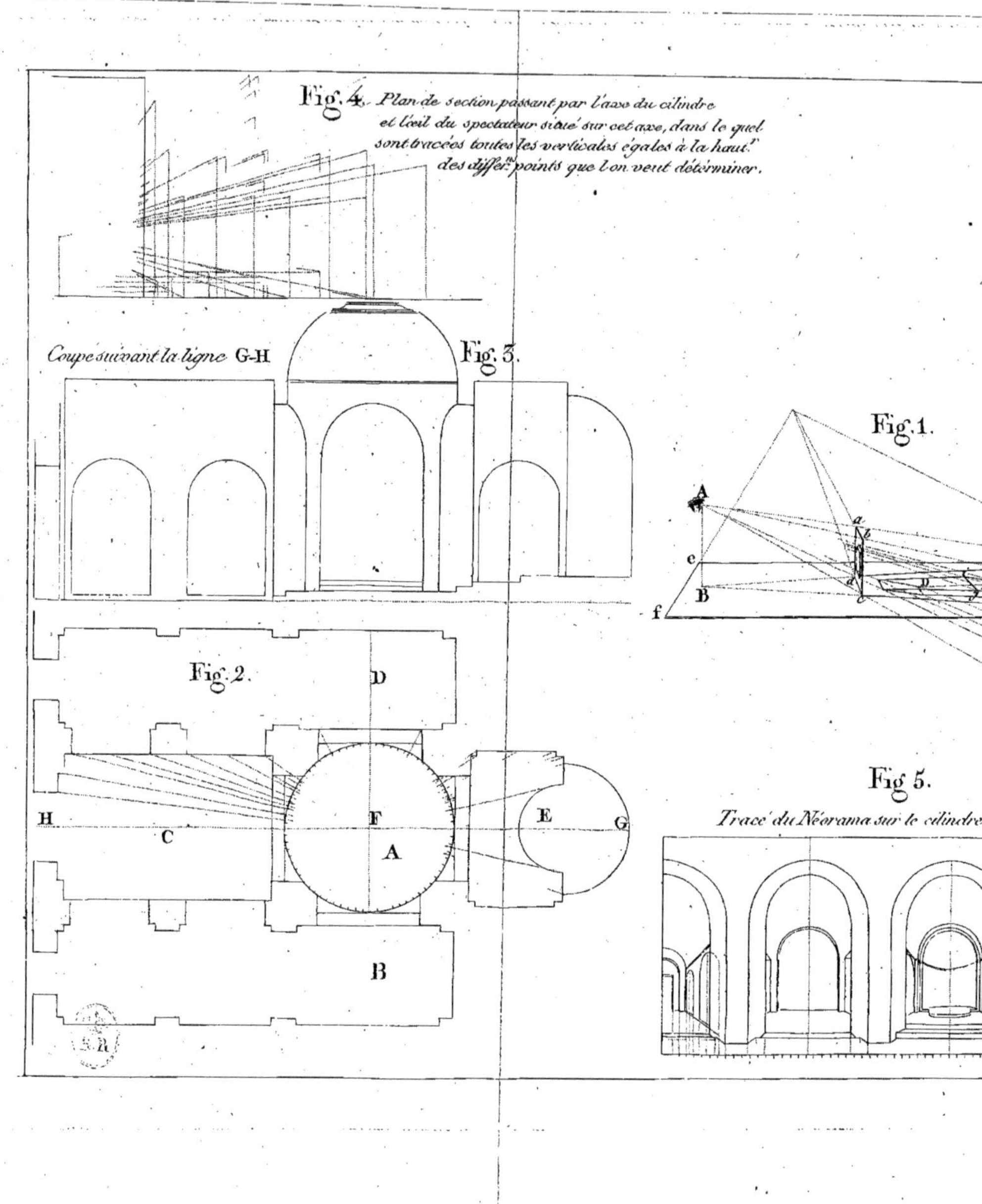

Fig. 4. Plan de section passant par l'axe du cilindre
et l'œil du spectateur situé sur cet axe, dans le quel
sont tracées toutes les verticales égales à la haut.ʳ
des differ.ᵗˢ points que l'on veut déterminer.
Coupe suivant la ligne G-H
Fig. 3.
Fig. 1.
A
a
b
e
B
d
f
Fig. 2.
D
H
C
F
E
G
A
B
Fig 5.
Tracé du Néorama sur le cilindre

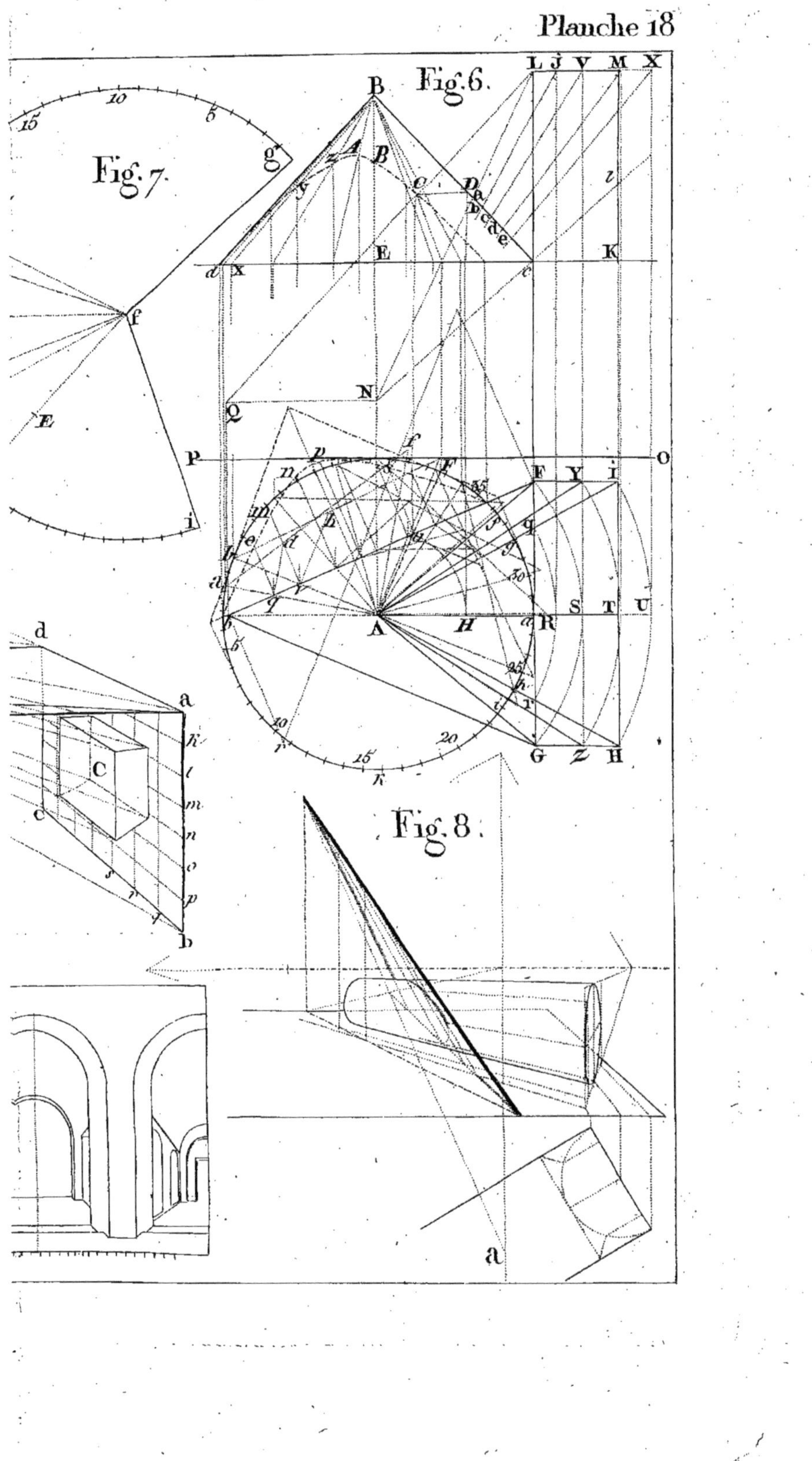
Fig. 6.
Fig. 7.
Fig. 8.